ISBN 978-3-662-24464-7   ISBN 978-3-662-26608-3 (eBook)
DOI 10.1007/978-3-662-26608-3

Die in den Sitzungsberichten Abtlg. I und Abtlg. IIa der math.-nat. Klasse der Österr. **Ak. d. Wiss.** erscheinenden Abhandlungen werden auch einzeln abgegeben. Sie können durch jede Buchhandlung oder direkt durch die Auslieferungsstelle der Österreichischen Akademie der Wissenschaften (Wien I, Singerstraße 12) bezogen werden.

Nachfolgende Abhandlungen aus dem Fach der **Zoologie** sind erschienen:

1955 (S I Bd. 164):

Brehm V.: Niphargus-Probleme (mit 42 Textabbildungen). S 24.80
Gickelhorn J.: Wissenschaftsgeschichtliche Notizen zu den Studien von S. Syrski (1874) und S. Freud (1877) über männliche Flußaale S 12.80
Hansl N. R.: Atmungsenzymsysteme von Avena in ihrer Beziehung zum Wachstum (mit 6 Textabbildungen). S 15.10
Hicker R.: Die Ergebnisse der Österreichischen Iran-Expedition 1949/50. Coleoptera VI. Teil. Malacodermata (mit 4 Textabbildungen). S 3.20
Kühnelt W.: Typen des Wasserhaushaltes der Tiere. S 8.70
Löffler H.: Die Boeckelliden Perus. Ergebnis der Expedition Brundin und der Andenkundfahrt unter Prof. Dr. Kinzl 1953/54 (mit 31 Textabbildungen). S 15.90
Nemenz H.: Über den Bau der Kutikula und dessen Einfluß auf die Wasserabgabe bei Spinnen (mit 2 Textabbildungen und 1 Tafel). S 8.80
Wawrik Friederike: Hochgebirgs-Kleingewässer im Arlberggebiet II (mit 3 Textabbildungen und 2 Tafeln). S 24.80
Wawrik Friederike: Waldviertler Fischteiche I. (mit 5 Textabbildungen und 2 Tafeln). S 17.80
Wettstein-Westerheim O.: Die Fauna der miozänen Spaltenfüllung von Neudorf an der March (ČSR.) Amphibia (Anura) et Reptilia (mit 2 Tafeln). S 10.60

1956 (S I Bd. 165):

Beier M. und Strouhal H.: Zoologische Studien in Westgriechenland. VI. Teil: Ispoda terrestria, II: Armadillidiidae (mit 54 Textabbildungen). S 31.—
Beier M. und Wagner E.: Zoologische Studien in Westgriechenland. V. Teil: Hemiptera-Heteroptera (mit 10 Textabbildungen). S 24.60
Brehm V.: Beiträge zur Kenntnis der Quell- und Subterranfauna des Lunzer Gebietes (mit 5 Textabbildungen). S 8.30
Brehm V.: Bemerkungen zu einigen neueren Cladocerenfunden aus Amerika (mit 2 Textabbildungen). S 9.—
Brehm V.: Über einige Entomastraken Südamerikas (mit 7 Textabbildungen). S 8.50
Janczyk F. St. W.: Anatomie von Siro duricorius Joseph im Vergleich mit anderen Opilioniden (mit 28 Textabbildungen). S 40.—
Mathes Ingeborg: Zur systematischen Stellung der Gattung Platyarthus Brandt (mit 9 Textabbildungen). S 10.50
Medwenitsch W.: Zur Geologie Vardarisch-Makedoniens (Jugoslawien) zum Problem der Pelagoniden (mit 11 Abbildungen im Text und auf 2 Tafeln und 2 Beilagen). S 51.—
Schiller J.: Untersuchungen an den planktischen Protophyten des Neusiedler Sees 1950—1954 III. Teil: Euglenen (mit 70 Abbildungen auf 15 Tafeln). S 47.80

1957 (S I Bd. 166):

Janetschek H. und Steiner W.: Zoologisch-systematische Ergebnisse der Studienreise in die spanische Sierra Nevada 1954.
Janetschek H.: I. Einführung. S 2.80
Wagner E.: II. Einige neue Heteropteren (mit 26 Textabbildungen). S 7.60
Lengersdorf F.: III. Neue Lycoriiden (Sciariden) (Ins., Diptera) (mit 1 Textabbildung). S 3.—
Schmitz H. S. J.: IV. Phoridae (Diptera) (mit 5 Textabbildungen und 3 Tafeln). S 18.10
Priesner H.: V. Thysanoptera.
Roudier A.: VI. Drei neue Curculioniden-Arten (Coleoptera) (mit 1 Textabbildung). S 10.—
Denis J.: VII. Araneae (mit 23 Textabbildungen und 1 Tafel). S 31.50
Scheller U.: VII. Symphyla. S 3.—
Kühnelt W.: Ergebnisse der Österreichischen Iran-Expedition 1949/50. Die Tenebrioniden Irans (mit 1 Tafel). S 33.20
Kühnelt W.: Weiß als Strukturfarbe bei Wüstentenebrioniden (mit einem Beitrag von C. Koch, Pretoria) (mit 1 Tafel). S 8.60
Starmühlner F.: Ergebnisse der Österreichischen Island-Expedition 1955. Zur Individuendichte und Formänderung von Lymnaea peregra Müller in isländischen Thermalbiotopen (mit 7 Textabbildungen und 2 Tafeln). S 46.80
Starmühlner F.: Ergebnisse der Österreichischen Iran-Expedition 1949/50. Beiträge zur Kenntnis der Molluskenfauna des Iran, und Edlauer Ä.: Konchyliologische Bestimmungen und Beschreibungen (mit 17 Textabbildungen, 3 Tafeln und 1 Beilage).
Tollmann A.: Die Mikrofauna des Burdigal von Eggenburg (Niederösterreich) (mit 2 Textabbildungen, 7 Tafeln und 2 Tabellen). S 45.90
Wettstein O.: Nachtrag zu meiner Nerpetologia aegaea (mit 2 Textabbildungen und 8 Tafeln). S 56.60

Bemerkungen zu einigen Kopepoden Südamerikas

Von V. BREHM

Mitteilung aus der Biologischen Station Lunz

Mit 5 Textabbildungen

Vorgelegt in der Sitzung am 25. März 1958

Bei der Untersuchung des umfangreichen Süßwassermateriales, das Prof. Dr. BIRABEN in ganz Argentinien gesammelt hat, stieß ich auf einige Diaptomiden, die Anlaß zu einigen kritischen Bemerkungen zur Systematik dieser Gruppe geben.

Notodiaptomus anceps n. sp.

Wie besonders WRIGHT in seinen Arbeiten betont, zeichnen sich viele Diaptomiden Südamerikas durch eine weitgehende Variabilität aus, die dem Systematiker bedeutende Schwierigkeiten bereitet. Dies schon deshalb, weil diese Variabilität häufig Gebilde betrifft, die bei anderen Formen systematisch wichtig sind und mit Vorliebe bei der Aufstellung von Bestimmungsschlüsseln verwendet werden. Diese Inkonstanz der Form zeigt sich in vielen Fällen innerhalb einer Population und fällt hier oft dadurch auf, daß die verschiedenen Formen durch keine Übergänge verbunden sind, so daß man sie spezifisch trennen möchte. So z. B. wenn die Individuen derselben Population durch zwei Größenklassen vertreten sind, zwischen denen keine Zwischenformen existieren, oder wenn nebeneinander Exemplare vorkommen, die das drittletzte Glied der Greifantenne entweder ohne jeden Anhang haben, oder aber mit einem solchen von bestimmter Größe, daß aber keine Exemplare zu finden sind, die einen kleinen Anhang besitzen und dadurch als Mittelformen angesehen werden könnten. In anderen Fällen sind die verschiedenen Typen einer Art räumlich getrennt und können als Lokalrassen oder vikariierende Arten aufgefaßt werden. So hat jüngst KIEFER gezeigt, daß die überraschende

Angabe vom Vorkommen aus dem südlichen Südamerika bekannter Arten in Venezuela durch die Ähnlichkeit nicht identischer Arten nur vorgetäuscht wurde[1]. Ein ähnlicher Fall liegt in dem hier zu beschreibenden *Notodiaptomus anceps* vor, der sich in der Probe 319 der Birabenschen Sammlung vorfand, die die Etikette,, Parque mitre. — Corrientes" trug. Ich hielt zuerst nach der Untersuchung eines weiblichen Exemplares die mir vorliegende Art für die Art *coniferoides* Wright, die im Kieferschen System noch zu keiner Untergattung gestellt werden konnte. Aber gewisse Details und die Untersuchung des Männchens zeigte, daß diese Form nähere Beziehungen zur Art *Iheringi* hat, mit der sie aber nicht identifiziert werden kann. — *Iheringi* wurde aus Nordostbrasilien — in weiterer Entfernung von Pernambuco — beschrieben. Die Heimat des typischen *N. Iheringi* ist also ziemlich weit von der des *D. anceps* entfernt, da dieser in der Provinz Corrientes gefunden wurde, die zwischen Paraguay und Uruguay liegt.

Es könnten also *Iheringi* und *anceps* vikariierende Arten sein.

Beschreibung des *Notodiaptomus anceps* n. sp.

Weibchen: Weibchen, deren Eiballen nur aus acht Eiern bestand und langgestreckt waren, hatten inklusive Furkalborsten eine Länge von 1900 µ. — Die antennulae reichten bis ans Ende der Furkaläste. Nahe der Grenze zwischen dem vorletzten und letzten Thoraxsegment findet sich eine randständige Zeile langer Stacheln, so wie bei der Art *coronatus*. Das letzte Segment ist in zwei ziemlich symmetrische Flügel ausgezogen, welche die aus der Figur ersichtliche Bedornung tragen. Das Genitalsegment ist dadurch asymmetrisch, daß es links halbkugelig vorgewölbt ist. Beiderseits ein mäßig großer Sinnesdorn. Die Furkaläste sind nur am Innenrand behaart. Die oberste Außenrandborste steht im proximalen Drittel, die folgende im distalen Drittel, die nächste knapp oberhalb des Endes des Furkalastes.

Fünfter Fuß: Der Hyalindorn des ersten Basale sitzt einem zylindrischen Sockel auf. Das erste Exopoditglied breit, oval. Die Endklaue des zweiten Exopoditgliedes trägt beiderseits einen zarten Börstchensaum. Das dritte Glied ist selbständig ausgebildet und trägt terminal neben einem winzigen Dörnchen einen Stachel, der nur wenig über die Mitte der Endklaue reicht. Der Entopodit ist zweigliedrig, das Basalglied hat nur ein Drittel der Länge des zweiten Exopoditgliedes. Dieses endet mit einem seitlich gela-

---

[1] Was aus Venezuela z. B. als *conifer* gemeldet wurde, ist *Notodiaptomus venezolanus*.

gerten fingerförmigen Fortsatz, neben dem etwas höher eingelenkt zwei kräftige Borsten stehen, die weit über das Ende des Fingerfortsatzes hinausreichen. Vgl. Fig. 3.

An sämtlichen Exemplaren der zahlreichen Weibchen trug das Thoraxende dorsal einen zylindrischen, oben durch eine halbkugelförmige Wölbung abgeschlossenen Auswuchs, der zunächst zu der Annahme verleitet hatte, es läge die Art *coniferoides* vor. Vgl. Fig. 2.

Männchen: Männchen nur 1300 µ lang. Die genikulierende Antenne wies bei vier Exemplaren von den zehn, die vorhanden waren, einen stark nach außen gebogenen Fortsatz am drittletzten Glied auf, der ganz der Abbildung entsprach, welche WRIGHT in seiner Arbeit ,,Three new species of Diaptomus from Northeast Brazil" auf Tafel II, Fig. 7, widergibt. Die anderen 6 hatten ein unbewehrtes drittletztes Glied. Das entspricht ganz den Angaben WRIGHTS, der auf Seite 225 der eben zitierten Arbeit sagt: ,,The description given above applies to the great majority of specimens. Like nordestinus, amazonicus, und Azevedoi this species has some males with a spur on the antepenulitmate segment of the right antenna." Hier scheint also geradezu die Ausprägung eines Merkmales in zwei verschiedenen Typen charakteristisch für eine Gruppe nächstverwandter Arten zu sein. — Die Bewehrung des Mittelteiles der Greifantenne zeigt folgende Ausbildung der Dornfortsätze: Der Fortsatz des 10. Gliedes = 20 µ, der des 11. = 28 µ, der des 13. = 48 µ, der des 14. Gliedes fehlt, der des 15. Gliedes = 20 µ und der des 16. Gliedes = 5 µ.

Längs der Berührungsstelle des letzten mit dem vorletzten Segment stehen wie beim Weibchen in einer Zeile angeordnete Stacheln. An den Furkalästen steht die oberste Außenrandborste etwas distal von der Mitte des Außenrandes.

Die Bauverhältnisse des fünften Fußpaares waren nur unsicher zu ermitteln, da die meisten Exemplare nicht gut konserviert waren. Die einzelnen Glieder dieser Extremität waren an den Trennungsstellen oft ineinandergeschoben, wodurch unnatürliche Verkürzungen im mikroskopischen Bild entstanden, ferner oft krampfhaft gegeneinander verkrümmt und speziell in den distalen Teilen um die Längsachse tordiert. Am ehesten war noch über den Bau des rechten Fußes Klarheit zu gewinnen, wozu in den Fig. 4 und 6 sich Möglichkeiten bieten. Am ersten Basale sehen wir einen langen zylindrischen Fortsatz, der ein unscheinbares Sinnesbörstchen trägt. Das zweite Basale ist am proximalen Innenrand stark nach innen verlängert und trägt hier eine knopfartige Protuberanz. Das erste Exopoditglied ist etwas länger als breit und bildet an der distalen Außenecke einen langen Fortsatz. Das zweite Exopoditglied bekommt man meist nur unter starker Verkürzung zu sehen. Es zeigt sich da oval geformt. Der Außenrandstachel ist sehr kurz, gerade und überragt, obwohl er nahezu terminal inseriert ist, das Ende des Gliedes nur wenig. Liegt das Präparat etwas anders, so bekommt man das Bild wie Fig. 6, in welchem Falle das Glied schmal ist und gebogen verläuft. Der meist nicht sichtbare Entopodit hat die Form einer ganz kurzen, breiten, vorne abgerundeten Platte. Vom linken Fuß kann ich nur sagen, daß das erste Basale nur einen kleinen Auswuchs hat, der ein kleines Sinnesbörstchen trägt. Der Entopodit war nicht deutlich wahrzunehmen. Ebenso die neben dem kurzen terminalen Fingerfortsatz des Exopoditen übliche Borste.

Über Artmerkmale ohne Bedeutung für verwandschaftliche Beziehungen.

Bemerkungen zu den verwandtschaftlichen Beziehungen: Es wurde oben gelegentlich der Erwähnung des inkonstanten Verhaltens des drittletzten Gliedes der Greifantenne gesagt, daß es sich da um eine Eigentümlichkeit handle, die an eine Gruppe nächstverwandter Arten gebunden ist. Dieser Satz gilt aber nur, wenn man die systematische Stellung der dort erwähnten Arten im Sinne WRIGHTS betrachtet. Im System KIEFERS steht die Art Azevedoi nicht innerhalb des Genus *Notodiaptomus*, sondern gehört zum Genus *Argyrodiaptomus*. — Ähnliches begegnet einem, wenn man den Stachelkamm auf dem dorsalen Teil des hinteren Thorax in Betracht zieht, der mich veranlaßt hat, unseren anfangs von mir für *coniferoides* gehaltenen *Diaptomus* nicht mit diesem zu identifizieren. Das war zwar richtig; aber maßgebend dürften solche Stachelkämme für die Erkennung verwandtschaftlicher Beziehungen auch nicht sein. Denn wir finden solche an verschiedenen Stellen des Diaptomidensystems, so, um zunächst bei Arten Südamerikas zu bleiben, bei *coronatus*, *Melini*, *Toldti*, denen man noch die Art *spinifer* anreihen könnte, wenn man dessen Spitzenfelder für homolog dem Stachelkamm eines *coronatus* ansehen will. Ferner etwa den *Notodiaptomus Maracaibensis*, wiederum unter der Voraussetzung, daß dessen Stachelreihe am Thoraxflügel einem zentrifugal gewanderten *coronatus*-Kamm entspricht. Es ist klar, daß die eben erwähnten Arten nicht genetisch zusammengehören, und das gleiche wird man auch sagen können, wenn man stachelkammtragende Formen außerhalb Amerikas antrifft, wie das bei dem indischen *Heliodiaptomus contortus* der Fall ist, oder bei Vertretern der Gattung *Eodiaptomus*, zu denen außer den schon von KIEFER in diesem Genus zusammengefaßten Arten noch jene zählen, die WOLTERECK bei der Wallacea-Expedition entdeckte, und der eigenartige *Eodiaptomus draconis ignivomi* von Cambodja (vgl. BREHM: Diaptomiden der Wallacea in Int. Rev. ges. Hydrob., Bd. 34, 1937).

Ein anderes in der Systematik gut brauchbares Merkmal bilden die Furkalzähne der Männchen verschiedener, aber wiederum nicht zu einer bestimmten Gattung gehöriger Arten. Sie finden sich zwar in die Genusdiagnose von *Neodiaptomus* aufgenommen — vgl. z. B. die südasiatischen Arten *satanas* und *mephistopheles* —, aber sie kehren bei *Sinocalanus indicus* (= *S. Ganesa*) wieder, oder sogar bei einer amerikanischen Gattung: *Odontodiaptomus Thomseni*. Andererseits fehlen solche Furkalzähne bei einer Art, die trotzdem zum Genus *Neodiaptomus* gestellt werden muß, nämlich bei *N. lymphatus*, der aber gleichsam als Ersatz einen zahnartigen Fortsatz an einer Furkalborste des rechten Furkalastes des Männchens aufweist, so daß man versucht sein könnte, anzunehmen, daß der Zahn sich distalwärts von der Furka auf eine Furkalborste verlagert habe. — Vgl. BREHM 1904.

Ein weiteres zur Charakterisierung von Arten verwendetes Merkmal ist ein meist zylindrischer, in manchen Fällen flossenförmiger Auswuchs, der sich dorsal auf dem rückwärtigen Teil des Thorax vorfindet und in den englischen Arbeiten als „hump" bezeichnet wird. Dieses Gebilde kommt bei nicht wenigen amerikanischen Arten vor: In Nordamerika bei *saltillinus albuquerquensis* und *dorsalis* (bei dieser sogar als Doppelbildung entwickelt), in Südamerika bei *conifer*, *coniferoides* = *lobifer*, *Isabelae*, und *meridionalis*, bei der der Auswuchs einen separaten Anhang trägt, bei den *Sinodiaptomus*-Arten Ostasiens (*Sarsi* und *Chaffanjoni*) und bei dem afrikanischen *Tropodiaptomus processifer*. Ich möchte an dieser Stelle auch eine von mir gemachte fehlerhafte Angabe richtigstellen. In meinem Artikel „Bemerkungen zur Systematik und Tiergeographie der Diaptomiden Nordamerikas" (Zeitschr. f. Hydrologie, 1949, Bd. 11) habe ich diesen „Höckerdiaptomiden" eine loxopazifische Disjunktion zugeschrieben. Das ist mit Rücksicht auf die oben erwähnten südamerikanischen Vertreter dieses Typus natürlich nicht zutreffend.

Dabei sei nochmals betont, daß solche zur Kennzeichnung einer Art sehr gut verwendbare Eigentümlichkeiten ganz regellos über das System verstreut sein können, also nichts über die verwandtschaftlichen Beziehungen aussagen. Man bedenke, daß die für die *Acanthodiaptomus*-Arten bezeichnende Zahnbildung am

Ende der Greifantenne, der unser *A. denticornis* seinen Namen verdankt, bei *Metadiaptomus mauretanicus* wiederkehrt, sowie bei *Neo-Lovenula Alluaudii*. — Auch Spitzenfelder auf Basalgliedern des fünften Fußes des Männchens, die in der Genusdiagnose von *Argyrodiaptomus* eine Rolle spielen, kehren beim *Notodiaptomus venezolanus* Südamerikas wieder und ebenso bei der zu einer ganz anderen Familie (Pseudodiaptomidae) gehörigen *Calanipedia aquae dulcis* = *Poppella Guernei* der älteren Autoren.

Das Auftreten eines Merkmales bei vereinzelten Formen, die in keinem näheren Zusammenhang stehen, mag öfters vorkommen, aber leicht übersehen werden, wenn es sich um unscheinbare Gebilde handelt, die leicht der Beobachtung entgehen. Ein Beispiel dieser Art bietet z. B. das kleine Stiftchen an dem zweiten Exopoditglied des fünften Fußes des Weibchens des *Diaptomus Zachariasi*, das vielleicht nur deshalb sehr bekannt ist, weil es aus den Bestimmungstabellen für europäische Diaptomiden stark hervorsticht. Es ist mir kein Fall bekannt, daß dieses Gebilde noch bei einer anderen Art der Diaptomiden vorkommt. LANGHANS hat in seinen ,,Faunistischen Studien an der Süßwasserfauna Istriens" die Aufmerksamkeit darauf gerichtet — cf. Lotos, Prag, 1907, pag. 101 ff. — und deutet es als den Überrest einer rückgebildeten Borste. Er sagt darüber: ,,Bei allen übrigen Diaptomiden ist der letzte Rest dieser Borste verschwunden. Auf einer Zeichnung, die MRAZEK vom fünften Fußpaar des Weibchens seiner *Schmackeria Hessei* bringt, sieht man an der fraglichen Stelle einen Strich, der eine Borste vorstellen könnte. Es wäre interessant, zu untersuchen, ob diese Vermutung richtig ist und ob ein solches Gebilde bei anderen Pseudodiaptomiden vorkommt." — Mir selbst ist *Schmackeria Hessei* noch nicht untergekommen. Aber bei vielen anderen Pseudodiaptomiden, die mir im Laufe der letzten Jahrzehnte untergekommen sind, habe ich vergeblich nach diesem möglichen Äquivalent des Zachariasi-Stiftes gesucht. Doch dürfte die von LANGHANS geäußerte Vermutung zutreffen. Etwas mehr Sicherheit liegt beim sog. *oregonensis*-Dörnchen vor, das allen jenen Diaptomiden Nordamerikas zukommt, die MARSH zur *oregonensis*-Gruppe vereinigt hat, welche von LIGHT mit dem Namen *Skistodiaptomus* belegt wurde. Nun kommt dieses Gebilde aber auch bei einem europäischen Diaptomiden vor, bei *Mixodiaptomus incrassatus*, den ich in der Meinung, er stelle eine Überbrückung zur Fauna Nordamerikas dar, als *Diaptomus pontifex* beschrieben hatte; beim heutigen Stand unserer Kenntnisse ist diese Annahme wohl hinfällig und man wird wohl im Auftreten des *oregonensis*-Dörnchens nichts weiter sehen als das unabhängige Auftreten eines Merkmales an verschiedenen Stellen des Systems. Es fügte sich glücklich, daß *pontifex* als Synonym von *incrassatus* erkannt wurde und dadurch der unzutreffende Name wieder verschwand.

Diese Unzuverlässigkeit auffallender Merkmale, die zum Teil für Speziesdiagnosen gut verwendbar sind, zur Beurteilung der natürlichen Verwandtschaft, hat oft dazu verführt, nach anderen brauchbaren Kennzeichen Ausschau zu halten. Vielleicht ist dem Vorhandensein oder Fehlen des „Schmeilschen Anhangs" ein Erfolg beschieden. In anderen Fällen hat der Versuch fehlgeschlagen. So z. B. versuchte ich bei der Bearbeitung von Diaptomiden aus Kurdistan folgende Verhältnisse systematisch auszuwerten: 1. die „*dentifer*-Borste" der *antennula* des Weibchens, 2. ein Sinneshaar am ersten Außenastglied des fünften Fußes des Weibchens. 3. Chitinspitzenfelder am Abdomen des Männchens und 4. Sinneshaare an diesem Abdomen. Für das beschränkte Material, das dieser Untersuchung zugrunde lag, schienen diese Gebilde verwendbar zu sein, obwohl ich selber bereits darauf aufmerksam machen mußte, daß die sub 3. erwähnten Chitinspitzenornamente auch bei einer abseits stehenden Gattung — *Neodiaptomus physalipus* — auftreten. (Vgl. BREHM: Über die Süßwasserfauna von Kurdistan. Zool. Anz., Bd. 121, 1938, pag. 272ff.) Im Jahre 1940 aber konnte MANN in seiner Abhandlung „Über pelagische Copepoden türkischer Seen" (Int. Rev. d. ges. Hydrobiologie, Bd. 40) zeigen, daß die oben erwähnten Besonderheiten nicht die von mir vermutete Bedeutung für die Systematik besitzen. Man vergleiche pag. 60 der Abhandlung von MANN. — Hingegen scheint nach M. WILSONS Mitteilungen in ihrer Arbeit über *Nordodiaptomus* (Journ. Washington Acad. Sc. — Vol. 41 — 1951, pag. 178) die *dentifer*-Borste doch verwertbar zu sein.

Zu den Dissonanzen zwischen Diagnosen und Bestimmungsschlüssel einerseits und natürlicher Verwandtschaft andererseits gehört z. B. die Stellung des *Eudiaptomus Steueri*. Denn dieser ist nichts anderes als ein gracilis mit abnorm gelagertem Außenrandstachel beim rechten 5. Fuß des Männchens. Ähnlich verhält es sich auch mit dem *Notodiaptomus jatobensis*, der sicher ein *Notodiaptomus* ist, obwohl sein Außenrandstachel mittelständig ist. WRIGHT sagt darüber: "The species is the only one of the nordestinus-group in which the lateral spine is located in the middle of the segment. It is becoming increasingly evident that location of the lateral spine is unreliable as a fundamental basis for a natural key of the South American species."

Bei der Verschwommenheit, mit der die Genusdiagnosen vieler Diaptomiden — soweit bisher besondere Genera aufgestellt wurden — zu kämpfen haben, ist es nötig, noch besonders darauf hinzuweisen, wodurch die Einordnung des uns vorliegenden Diaptomus in das Genus Notodiaptomus zu rechtfertigen ist. Der bloße Hinweis auf viele Ähnlichkeiten mit der zu eben diesem Genus gerechneten Art *Iheringi* genügt noch nicht. KIEFER hat in seinem Bericht über die ,,Freilebenden Kopepoden von Venezuela" (Band I der ,,Ergebnisse der deutschen limnologischen Venezuela-Expediten", pag. 242 — Berlin 1956) jene Merkmale zusammengefaßt, die in ihrer Koordination zur Aufstellung der Gattung Notodiaptomus geführt haben. Mit der dort gegebenen Charakteri-

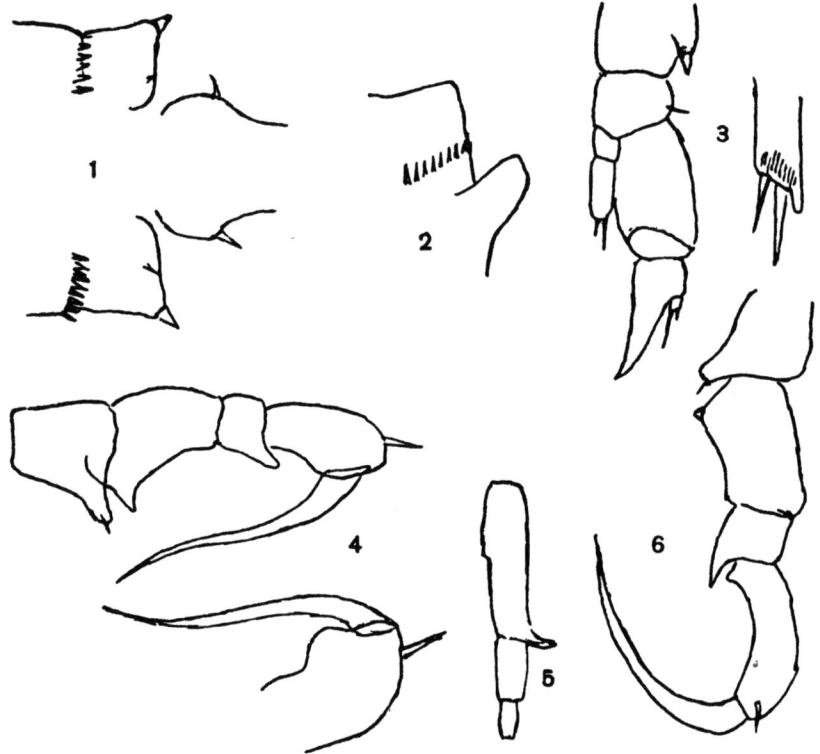

Abb. 1. *Notodiaptomus anceps* n. sp.

1 Thoraxende und Genitalsegment des Weibchens. 2 Dorsaler Thoraxauswuchs, lateral gesehen. 3 Fünfter Fuß des Weibchens. Nebenfigur: Terminalteil des Entopoditen. 4 Rechter fünfter Fuß des Männchens. 5 Drittletztes Glied der Greiferantenne. 6 Rechter fünfter Fuß des Männchens in veränderter Lage des Endteiles.

sierung stimmt nun unsere Art — wenn wir von Einzelheiten beim fünften Fußpaar absehen, die sich an unserem Material der Beobachtung entzogen — bis auf zwei Punkte überein. Der Entopodit des fünften Fußes, der bei *Notodiaptomus* eingliedrig sein soll, ist bei *anceps* zweigliedrig, und das drittletzte Glied der Greifantenne trägt bei *anceps* einen hakenförmigen Anhang, während ein solcher bei *Notodiaptomus* fehlen soll. Dieser Widerspruch kann aber keine große Rolle spielen, da wir sahen, daß gerade diese beiden Merkmale selbst innerhalb einer Population einer Art schwanken können. — Kiefer gibt in seinem Venezuela-Bericht außer den beiden neuen von ihm beschriebenen Arten noch 14 Arten an, die zu *Notodiaptomus* gehören und ergänzt seine Aufzählung durch die Bemerkung „Möglicherweise gehören auch die Arten *santaremensis* und *Corderoi* hieher."

„*Diaptomus*" *coniferoides* Wright = *Diaptomus lobifer* Pesta.

Der nachfolgenden Beschreibung liegen Exemplare aus dem Parana zugrunde. Ein weiteres Vorkommen dieser Art konnte für die Laguna Yema, die in der Provinz Formosa, also an der Westgrenze Paraguays liegt, sichergestellt werden. — Ich glaube, daß die mir vorliegende Form mit der von Pesta aus dem Tigre beschriebenen Art *lobifer* identisch ist. Unter dieser Voraussetzung habe ich in der Überschrift den Namen Pestas als Synonym zu *conifer* angegeben und den Namen Wrights verwendet, der früher publiziert wurde. Die Übereinstimmung ist zwar keine völlige, aber bei der aus der weiter unten mitgeteilten Tabelle ersichtlichen Variabilität der Art *coniferoides* dürfte die Identifizierung zu rechtfertigen sein.

Wright sagt in seiner Revision der Diaptomiden Südamerikas: "The females—sc. from Santarem—had a larger spine on the left side of the last thoracic segment than on the right and the first segment abdominal showed none of the saddle—like structure seen in the southern specimens. These differences are considered no to be of varietale significance." Und Lowndes, dem wir die genaueste Beschreibung der Art verdanken (Reports of an expedition to Brazil and Paraguay, Linn. Soc. Journ. Zool. Vol. 39, 1934), sagt: "It is a very variable species particularly in the nature of the hump on the penultimate segment of the thorax in the female." Er betont in seiner Beschreibung dieser Art, daß dieser „hump" systematisch ohne Bedeutung wäre. — Es sei gleich hier betont, daß dieser „hump" in unserem Material allen Exemplaren in gleicher Form zukam. — Um sich von der Variabilität der Art *conifer* eine richtige Vorstellung zu machen und die Identifikation des *conifer* mit *lobifer* zu rechtfertigen, seien eine Auswahl von Merkmalen nach Exemplaren verschiedener Autoren in einer Tabelle einander gegenübergestellt.

Was bei aller Variabilität unsere Art sofort erkenntlich macht, ist die in gleicher Weise immer wiederkehrende Insertion des Außenrandstachels des zweiten Exopoditgliedes des rechten fünften Fußes des Männchens. Dieser sitzt nämlich auf einem besonderen Knopf und nicht direkt auf dem Glied selbst. Ebenso dürfte der Bau der Greifantenne — obwohl Bilder und Beschrei-

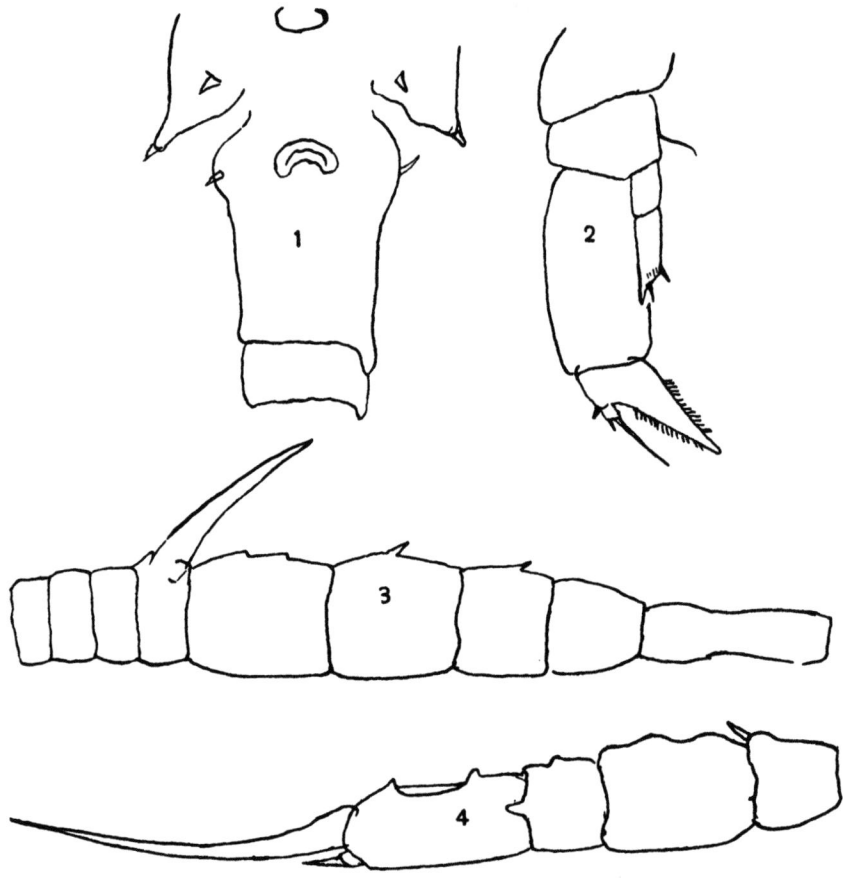

Abb. 2. *Diaptomus coniferoides.*
1 Thoraxende und Genitalsegment des Weibchens. 2 Fünfter Fuß des Weibchens. 3 Mittelteil der Greifantenne. 4 Rechter Fuß des Männchens. Entopodit nicht sichtbar!

bung von früheren Autoren hier oft nicht hinreichende Auskunft geben — sehr charakteristisch sein. Nämlich die Reduktion der Dornfortsätze des zehnten und elften Gliedes sowie die exzessive Ausbildung des Dornfortsatzes des dreizehnten Gliedes sowie das Fehlen eines Anhanges am drittletzten Glied.

Bei den zum Teil weit auseinander liegenden Fundorten dieser Art fallen die zwischen einzelnen Kolonien zu beobachtenden Differenzen nicht sehr ins Gewicht, so daß man sie alle in einer Art vereinigen kann. Weil LOWNDES gutes Bildermaterial gegeben hat, genügt wohl an dieser Stelle die Reproduktion von vier Figuren.

Verhalten einzelner Merkmale nach den Beschreibungen von dem Material

	PESTA	WRIGHT	LOWNDES	Prof. BIRABENS
Körperlänge des Weibchens	1600—1800	1400	1500	1400
1. Thoraxflügel	symmetrisch und nach hinten gerichtet	links breiter mit kleinem Dorn	rechts kleiner	sehr variabel
Thoraxauswuchs (hump)	vorhanden	vorhanden	this may be missing	immer vorhanden
Entopodit des 5. Fußes des Weibchens	zweigliedrig	zweigliedrig	zweigliedrig	eingliedrig
Drittes Exopoditglied desselben	deutlich entwickelt	not distinctly set off	well marked	undeutlich
Länge : Breite des 1. Exopoditglieds	2:1	1,5:1	1,3:1	variabel
Drittletztes Glied der Greifantenne	unbewehrt	?	unbewehrt	unbewehrt
Innenrand des 2. Exopoditglieds des 5. rechten Fußes	springt an einer Stelle winkelig vor	auf der Abbildung mit unbedeutendem Knick	deeply indented	mit zwei markanten Zacken

Diaptomus sens. lat. *inexspectatus* nov. spec.

In der Probe 298 der BIRABENschen Sammlung, die von Las Garzas stammte, und die Zyklopen enthielt, fanden sich neben diesen ein einzelnes Weibchen der *Alona Mülleri* und vereinzelte Exemplare eines Diaptomus, von dem neben einem defekten Männchen und etlichen Kopepodidstadien auch zwei reife Weibchen

150   V. Brehm,

vorlagen. Obwohl das dürftige Material keine zufriedenstellende Beschreibung ermöglichte, kann diese Form hier als neu eingeführt werden, weil sie eine Reihe höchst auffallender Merkmale besitzt, die ein Wiedererkennen leicht ermöglichen.

Weibchen: Die braunroten Tiere waren inklusive Furkalborsten 2 mm lang. Die antennulae reichten bis ans Ende der

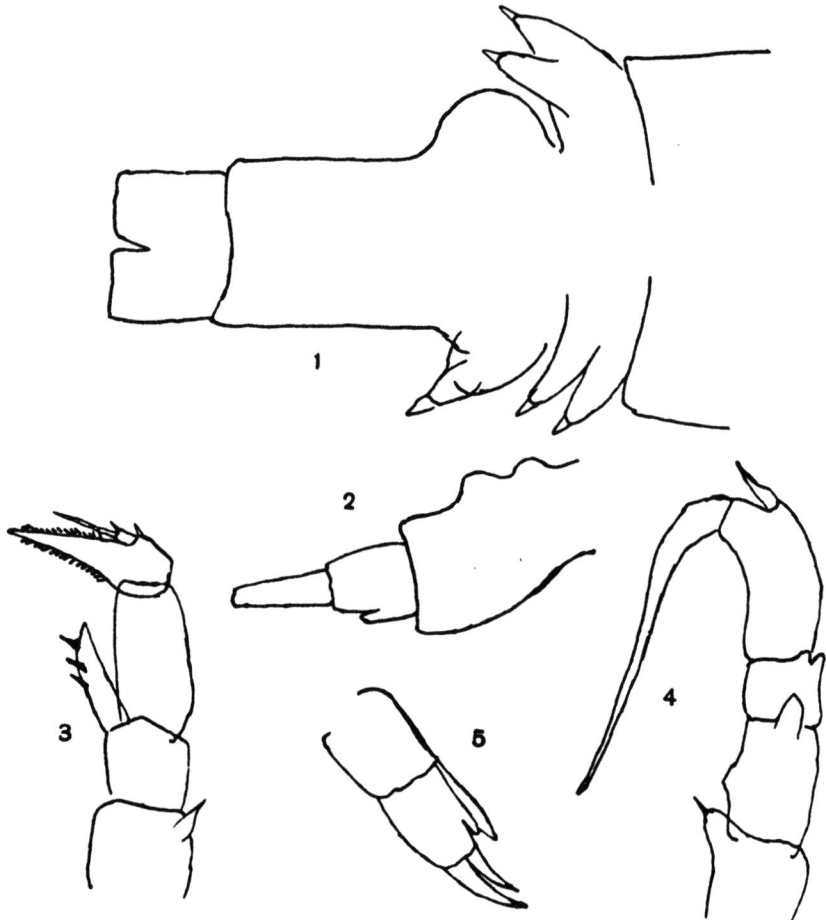

Abb. 3. *Diaptomus* sens. lat. *inexspectatus* nov. spec.
1 Thoraxende und das zweigliedrige Abdomen des Weibchens unter Deckglasdruck. 2 Abdomen des Weibchens lateral gesehen. 3 Fünfter Fuß des Weibchens. 4 Rechter fünfter Fuß des Männchens. 5 Terminaler Teil des linken fünften Fußes des Männchens.

Furkaläste. Der Thorax trug keinen dorsalen Auswuchs. Das letzte Thoraxsegment war beiderseits in zwei schmale Flügel verlängert, die je einen starken Terminaldorn trugen. Das Genitalsegment war proximal in eine halbkugelförmige Protuberanz vorgewölbt, an der sich kein Sinnesstachel finden ließ. Rechts war es in einen nach hinten gerichteten hornartigen Auswuchs verlängert, der einen starken Sinnesdorn trug. Die Seitenansicht (Fig. 2) zeigt eine merkliche Verbreiterung des Genitalsegmentes. Die Furkaläste waren zweimal so lang als breit, nur am Innenrand behaart. Die oberste Außenrandborste war mittelständig, die folgende war in der Mitte zwischen dieser und dem Ende der Furka inseriert. Die Dorsalborste war nur wenig kürzer als die Furkalborsten. Am fünften Fuß ist der Sinnesstachel nicht von dem ihn tragenden Höcker abgesetzt, so daß man den Eindruck hatte, der Höcker selber wäre einfach zugespitzt. Die Endklaue des zweiten Exopoditgliedes ist beiderseits mit mindestens 20 kurzen kräftigen Dörnchen besetzt. Das dritte Exopoditglied ist selbständig ausgebildet und trägt neben einem kurzen Stachelchen einen Stachel, der etwa zwei Drittel der Länge der Endklaue besitzt. Der eingliedrige Entopodit besitzt 3 Stacheln, die dadurch auffallen, daß sie in weiten Abständen übereinanderstehen, so daß der proximale nicht weit von der Mitte des Entopoditen entfernt ist, wodurch unsere Art an ein gleiches Verhalten bei den gar nicht verwandten *Diaptomus perelegans* erinnert. Infolge des schlechten Erhaltungszustandes des

Männchens können über dieses nur folgende Angaben gemacht werden. Das drittletzte Glied der Greifantenne besitzt keinen Fortsatz. Die Längen der Dornfortsätze des Mittelteiles dieser Antenne zeigen folgende Längen. Dorn des 8. Gliedes = 18 μ, des 10. = 25 μ, des 11. = 28 μ, des 13. = 60 μ, der des 14. fehlt, der des 15. = 48 μ und des 16. = 5 μ. — Der rechte fünfte Fuß, den unsere Figur in etwas verquetschter Form zeigt, läßt keine Besonderheiten erkennen. Der Außenranddorn des zweiten Exopoditgliedes ist kurz und nahe dem Ende des Gliedes inseriert. Der linke fünfte Fuß konnte nur unklar erfaßt werden. Am Ende des Exopoditen standen zwei fast gleich lange gekrümmte Klauen, die wohl dem fingerförmigen Fortsatz und seiner Nebenborste bei anderen Diaptomiden entsprachen. Der nicht gut wahrnehmbare Entopodit ragte mit seiner Spitze ein wenig über die Basis dieser beiden Klauen hinaus.

Der etwas abnorme Bau des distalen Endes des Exopoditen des linken fünften Fußes bedarf wohl noch der Bestätigung durch Untersuchung frischen Materials. Wenn er sich so verhält, wie es hier dargestellt wurde, müßte unsere Form wohl als Vertreter eines neuen Genus bzw. Subgenus angesehen werden.

Boeckella poopensis Marsh und *Boeckella Rahmi* Brehm.

In meiner Abhandlung „Sobre los Copepodos hallados por el Prof. BIRABEN — La Plata" (II. Teil in Neotropica, Vol. 2, 1956) habe ich die von MARSH aus dem Pooposee beschriebene *Boeckella poopensis* nach Exemplaren behandelt, die mir aus Trelew in Argentina und von Puan in Peru vorlagen. An der Hand der l. c. gegebenen Abbildungen konnte gezeigt werden, daß diese beiden Kolonien sich in mehreren Punkten unterscheiden. Seither sind weitere einschlägige Beobachtungen gemacht worden, die ich vorerst kurz erwähnen möchte, ehe ich auf weitere mir inzwischen von Herrn Prof. BIRABEN zugekommene Funde zu sprechen komme. Im Jahre 1935 beschrieb ich aus einem in der Atacama-Wüste in 3500 m Seehöhe in der Nähe von Chiu-Chiu gelegenen Salzsee unter dem Namen *Boeckella Rahmi* eine Boeckella, auf die Doktor LÖFFLER in seiner Arbeit „Die Boeckelliden Perus" (Sitzber. Akad. Wiss. Wien, Bd. 164, 1955) zu sprechen kommt, da er annimmt, es handle sich bei der Art *Rahmi* um eine zum Formenkreis der *poopensis* gehörige *Boeckella*. Vorher hatte P. OLIVIER in der Arbeit „Contribucion al Conocimento limnologico de la Laguna Salade grandes| (Rev. Brasil. Biol. Vol. 12, 1952) die Art *Rahmi* als häufigen Planktonbestandteil der in der Provinz Buenos Aires gelegenen genannten Laguna bekanntgegeben. 1955 meldete LÖFFLER das Vorkommen der Art *poopensis* in dem See Salinas, der, in 4250 m Seehöhe gelegen, als der höchstgelegene Salzsee Amerikas bekannt ist. Bei dieser Gelegenheit machte LÖFFLER darauf aufmerksam, daß *Rahmi* mit der Art *poopensis* identisch sein dürfte. Daß dies nicht schon früheren Beobachtern und vor allem mir selbst nicht aufgefallen ist, liegt wohl daran, daß der Ausbau der Boeckelliden-Systematik und vor allem die Anfertigung von Bestimmungsschlüsseln für Boeckelliden zumeist auf Grund von Merkmalen vorgenommen wird, deren Variabilität in letzter Zeit immer deutlicher geworden ist. Das gilt besonders für Größe und Form der Thoraxflügel sowie Segmentierung und Bewehrung der Entopoditen der fünften Füße beider Geschlechter. Verwendet man z. B. den Bestimmungsschlüssel, den FAIRBRIDGE in der Abhandlung „West Australian Fresh-water Calanoids" (Journ. Roy. Soc. West Australia. Vol. 29, 1945) mitgeteilt hat, so würde ein Versuch, eine *Rahmi*-Form zu determinieren, nie auf die mit ihr identische Art *poopensis* führen, weil in der Diagnose für *Rahmi*

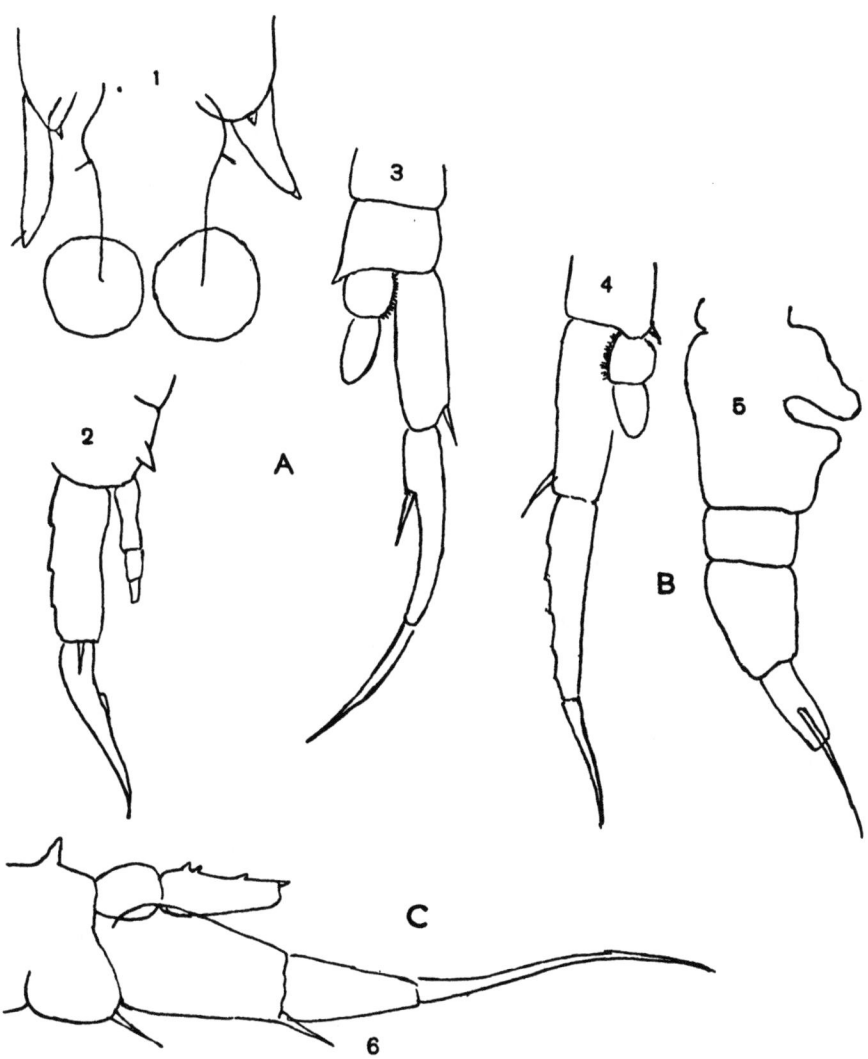

Abb. 4. *Boeckella poopensis* Marsh.

A. Von Tellier Santa Cruz: 1 Thoraxflügel und Genitalsegment mit Eiballen.
2 Rechter Fuß des Männchens: 3 Linker Fuß des Männchens.
B. Von Chacico: 4 Linker Fuß des Männchens. 5 Seitenansicht des Abdomens des Weibchens.
C. Von Santa Rosa: 6 Rechter fünfter Fuß des Männchens.

ein dreigliedriger Endopodit des rechten fünften Fußes des Männchens angegeben wird, für *poopensis* ein zweigliedriger, wodurch die beiden „Arten" auseinandergerissen werden. Ferner spielen die Symmetrieverhältnisse der Thoraxflügel des Weibchens bei FAIRBRIDGE eine Rolle bei der Trennung der beiden „Arten". In meiner oben zitierten in der Zeitschrift Neotropica erschienenen Arbeit habe ich bereits betont, daß die *poopensis*-Kolonie von TRELEW symmetrische Flügel aufweist, die von PUAN asymmetrische; auch zeigt mein Figurenmaterial für die Art *poopensis* das Vorkommen von zwei- und von dreigliedrigen Entopoditen des rechten fünften Fußes des Männchens. Da ich nicht daraus die Konsequenz gezogen habe, *Rahmi* mit *poopensis* zu identifizieren, ist es das Verdienst LÖFFLERS, gezeigt zu haben, daß *Rahmi* mit *poopensis* synonym ist. Denn die eventuell noch möglichen kleinen Differenzen fallen bei der Variabilität der Boeckelliden nicht ins Gewicht.

Für die Schwierigkeit, eine Boeckelliden-Art scharf umrissen zu beschreiben, werden die folgenden Mitteilungen noch einige Belege erbringen. So lag mir eine solche Kolonie vor, in der die Männchen eine überraschende Formkonstanz aufwiesen, während zwei Typen von Weibchen vorlagen, die sich nach den Thoraxflügeln und nach ihrer Körpergröße leicht trennen ließen, da keine Zwischenformen vorkamen. Man steht hier vor der Alternative, entweder anzunehmen, daß es sich um eine Art handelt, deren Männchen einheitlich geformt sind, während zwei Typen von Weibchen vorkommen — in diesem Sinne deutet WRIGHT analoge Fälle bei einigen Arten der Gattung *Notodiaptomus* —, oder man nimmt an, die Kolonie besteht aus zwei Arten, die nur im weiblichen Geschlecht deutlich zu unterscheiden sind — in dieser Weise wurden analoge Fälle bei der Gattung *Tropodiaptomus* gedeutet (BREHM, V.: „Ein neuer Tropodiaptomus." Anz. Ak. Wiss. Wien, 1955). — Ich sehe keine Möglichkeit, zur Zeit zu entscheiden, welche Deutung richtig ist. Einige weitere Besonderheiten fielen mir bei der Untersuchung von Exemplaren auf, die sich in einem mir neuerdings von Herrn Prof. BIRABEN übersandten Material vorfanden, durch welche Sendung folgende neue Fundorte für *poopensis* ermittelt werden konnten: Laguna Chasica — Tel villari. — Santa Rosa Pamp hacia. Laguna de Gomez Junin. — Laguna de Monte, Buenos Aires. — Tellier Santa Cruz. — Es sei hier der gut entwickelte Härchenbesatz am Innenrand des ersten Gliedes des Entopoditen des linken fünften Fußes des Männchens erwähnt, der in vielen anderen Fällen so zart ist, daß er leicht übersehen werden kann. Wenn er auf meinen Abbildungen in dem Neotropica-

Artikel fehlt, so glaube ich nicht, daß er den damals untersuchten Tieren gefehlt hat, sondern nur übersehen wurde. Endlich sei das Vorkommen eiertragender Weibchen bei dieser Kolonie erwähnt. Die Eiballen scheinen bei Boeckelliden nicht so fest zusammenzuhalten, wie bei Diaptomiden. Wohl durch den langen Transport, den die aus dem fernen Süden nach Europa kommenden Proben mitmachen, sind die Weibchen der Sammlungen gewöhnlich frei von Eiern und die neben ihnen im Fang vorhandenen Eier liegen einzeln vor, nicht in Ballen, wie es bei Diaptomiden oder Zyklopiden der Fall ist. Beobachter, welche Boeckelliden an Ort und Stelle untersuchten, haben bessere Gelegenheit, diese Verhältnisse zu studieren, als ihre europäischen Kollegen. So berichtet FAIRBRIDGE in seiner oben erwähnten Arbeit auf Seite 28 über die Eier der *Boeckella opaqua*: "The number of ova in an ovisac varies from five to nine. They are subsphaerical and 0,115—0,122 in diameter. These ova cannot be resting eggs for they collapse when allowed to dry up." Die in unserer Probe von Tellier Santa Cruz gefundenen Weibchen trugen regelmäßig zwei große Eier, von 160 µ Durchmesser, wie aus der Figur ersichtlich ist, die zugleich eine leichte Asymmetrie der langen zugespitzten Thoraxflügel erkennen läßt. Bemerkenswert ist ferner für die Tiere der Laguna Chasico, daß das Endglied des Entopoditen des fünften Fußes des Weibchens nur vier Borsten aufwies, während MARSH für die Tiere vom Lago Poopo deren fünf angibt, und LÖFFLER für seine sechs. Hingegen fanden sich bei den Weibchen der Tiere von Santa Rosa fünf Anhänge. Bei den Männchen von Santa Rosa zeigte das Endglied des hier zweigliedrigen Entopoditen am Innenrand drei grobe Zähne, die wohl auf eine frühere Segmentierung und Bewehrung dieses Gliedes schließen lassen. Vgl. Fig. 6.

Zum Vergleich mit diesen Angaben sei noch kurz rekapituliert, was in der spanisch geschriebenen Arbeit der Neotropica bezüglich der Kolonie von Puan in Peru mitgeteilt wurde. Die drei Anhänge des letzten Exopoditgliedes des fünften Fußes des Weibchens lassen diese Form im Schlüssel von MARSH jener Gruppe zuweisen, die die Arten *gracilis, occidentalis, gracilipes, poopensis* Bergi und Michaelseni umfaßt. Beim Versuch, nach der Tabelle von MARSH sich für eine dieser Arten zu entscheiden, entsteht eine Schwierigkeit, weil man darüber im klaren sein müßte, wie viele Glieder den Entopoditen des rechten fünften Fußes des Männchens bilden. Unter den sieben Männchen, die von Puan vorlagen, hatten zwei einen dreigliedrigen Entopoditen, die anderen fünf ließen lediglich durch Incisuren eine angebahnte Gliederung erkennen, bestanden aber im Inneren aus einem kontinuierlich Ganzen. Im übrigen zeigte die Puan-Form folgende Verhältnisse: Weibchen: 1700 μ lang, farblos bis gelb. Eiballen aus drei großen Eiern bestehend. Letztes Thoraxsegment in lange zugespitzte Flügel ausgezogen, von denen der linke erheblich länger war als der rechte. Antennulae reichten bis zur Mitte des Genitalsegmentes. Fünfter Fuß: Exopodit: Dorn des zweiten Gliedes mit zweizeiligem Haarsaum. Endglied mit drei kurzen Stacheln. Entopodit hinsichtlich der Beborstung variabel. Als Typus konnte man Exemplare mit fünf Borsten ansehen. Doch fiel bei diesen im proximalen Drittel des Randes eine Incisur auf, die wohl die Stelle einer rückgebildeten Borste verriet. Einige Exemplare besaßen auch diese Borste, einige hatten ein etwas kürzeres nur mit vier Borsten bewaffnetes Endglied. Die langen Furkaläste trugen die Außenrandborste im letzten Drittel des Randes. — Die hyalinen, mit gelben Flecken versehenen Männchen waren 1600 μ lang. Rechter Fuß: Zweites Basale mit zapfenförmigem Auswuchs an der distalen Innenecke, Außenrand des ersten und zweiten Exopoditgliedes mit kurzem Stachel. Entopodit mit ovalem Endglied. Linker Fuß: Außenranddorn des zweiten Exopoditgliedes sehr kurz. Endklaue basal verbreitert. — Entopodit mit den oben erwähnten Variationen.

Zum Formenkreis der Boeckella gracilis Daday.

Ähnliche Verhältnisse, wie in dem voranstehenden Fall der *Boeckella poopensis*, scheinen auch bei der *Boeckella gracilis* vorzuliegen. Hier wie dort liegen als neu beschriebene Arten vor, die noch innerhalb des Artrahmens der *poopensis* bzw. *gracilis* liegen. So hat LÖFFLER in seiner Arbeit über die Boeckelliden von Peru darauf aufmerksam gemacht, daß die von mir beschriebene *Boeckella Schwabei* sehr wahrscheinlich nichts anderes ist, als eine *Boeckella gracilis*. — Wenn ich im folgenden eine auch ohne Zweifel der Art *gracilis* nahestehende Form nicht einfach als *gracilis* auffasse, sondern zunächst als neue Art einführe, so geschieht dies mit Rücksicht auf die Ausgestaltung der Entopoditen beider fünfter Beine des Männchens. Nun ist dabei aber zu beachten, daß DADAYS Beschreibung, die mir im Original nicht vorliegt, manche Frage offenläßt und daß seine Abbildung des fünften Fußpaares etwas schematisiert zu sein scheint. DADAYS Abbildung wurde von MARSH kopiert und in seine Bestimmungstabelle aufgenommen. Eine Kopie dieser Figur verdanke ich Herrn M. BEIER, Wien, der zugleich auch mir die auf das fünfte Fußpaar bezügliche Textstelle aus der Synopsis von MARSH mitteilte, wofür hier herzlichst gedankt sei. Es heißt da: „Both endopodites of the fifth feet are

1-segmented and small. The second basal segments of both feet bear a cuticular projection on the inner distal angle." Als Größe wird für das Männchen 1400—1600 µ, für das Weibchen 1700 bis

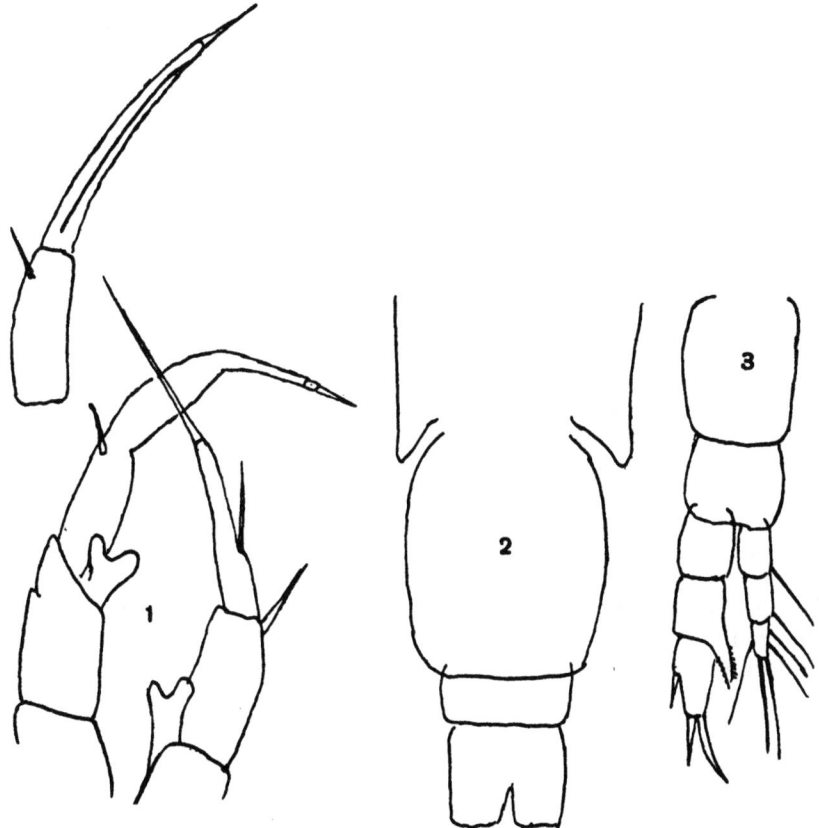

Abb. 5. *Boeckella bilobata*.
1 Fünftes Fußpaar des Männchens. Nebenfigur Endteil des rechten Fußes in anderer Lage. 2 Thoraxende und Abdomen des Weibchens im Umriß. 3 Fünfter Fuß des Weibchens.

2200 µ angegeben. — Schade, daß LÖFFLER in seiner Arbeit keine Abbildungen von *gracilis* veröffentlichte, wohl aber auf die starke Variabilität aufmerksam machte, die ihm auch den Gedanken nahelegte, daß *B. Schwabei* nichts anderes sei als *gracilis*. — Als besonders variabel werden Körpergröße, Färbung, Bewehrung des weiblichen Entopoditen des fünften Fußes angeführt.

Da, wie oben gesagt wurde, die Aufstellung der neuen *Boeckella bilobata* sich im Grunde genommen nur auf den Bau der Entopoditen des fünften Fußes des Männchens stützt, sei auf diesen Punkt hier näher eingegangen und eine Beschreibung der *bilobata* einem späteren Bericht in der Zeitschrift Neotropica vorbehalten, da ich aus der Sammlung BIRABEN noch weitere Proben erwarte, die einige offene Fragen einer Klärung zuführen könnten.

Beim linken Fuß des Männchens zeigt die Abbildung von DADAY einen eingliedrigen Entopoditen, der apikal verbreitert und flach eingebuchtet ist. Beim rechten Fuß hingegen zeigt sich der Entopodit als eingliedriges schmales zylindrisches Gebilde.

Die Abbildungen für *Schwabei* (BREHM, V.: Eine neue *Boeckella* aus Chile. Zool. Anz. Bd. 118, 1937, p. 305) zeigen beim linken Fuß einen eiförmigen eingliedrigen Entopoditen und beim rechten Fuß ein Gebilde, das nahe der Basis eine kleine Protuberanz aufweist. LÖFFLER bringt auf S. 743 für die mit den Namen *gracilis*, *Schwabei* und *Kinzeli* versehene Artengruppe eine Figur des fünften Beinpaares, auf der der Entopodit die zweilappige Form aufweist, welche hier bei *bilobata* für beide Beine als Kennzeichen verwendet wird, während beim rechten Beinpaar ein einfacher zylindrischer Anhang den Entopoditen bildet, wie dies auch auf der Abbildung DADAYS der Fall ist. Ob nun die auf beiden fünften Beinen bei *bilobata* vorhandene Gabelung dieses Anhanges ausreicht, um eine spezifische Trennung dieser Form vorzunehmen, müßten künftige Untersuchungen an anderen Kolonien zeigen. Manche nach dem Bildermaterial der Autoren mögliche Unterscheidungsmerkmale dürften nicht dazu ausreichen. So werden für *Schwabei* nur vier Anhänge des Endgliedes des Entopoditen des fünften Fußes des Weibchens verzeichnet, während *bilobata* deren fünf hat. Auch die auffallende Verbreiterung des zweiten Exopoditgliedes des rechten fünften Fußes bei *Schwabei* scheint mir nicht ausschlaggebend zu sein.

Wie unsere Fig. 1 zeigt, kann dieser Teil je nach Lage des Präparates ein verschiedenes Aussehen haben; eine Verbreiterung ist immer vorhanden, wenn sie auch nicht das Ausmaß erreicht wie bei *Schwabei*. Abgesehen von der erwähnten Inkongruenz in der Borstenzahl des Endgliedes des Entopoditen des fünften Fußes der Weibchen, die aber, wie die Erfahrungen an vielen anderen Boeckellen beweisen, belanglos ist, fand ich beim Weibchen keine Unterschiede, was aus den Fig. 2 und 3 hervorgeht. *Boeckella bilobata* fand sich in der Probe 128 von MARULL (Cordoba).

Resümee.

Die Untersuchung einiger südamerikanischer Kopepoden verwies neuerdings auf die Schwierigkeiten, die sich der Systematik der dortigen Kopepoden und speziell der Diaptomiden entgegenstellen. Diese sind die Folge von nachstehenden Besonderheiten: 1. Viele Merkmale erweisen sich als sehr variabel. 2. Es treten in manchen Populationen scharf getrennte Typen auf, von denen es unklar bleibt, ob sie ein Arten- bzw. Rassengemisch darstellen oder einer einzigen Spezies zuzuschreiben sind. 3. Eine ganze Reihe von sehr markanten Merkmalen findet sich zusammenhanglos bei verschiedenen Arten, Gattungen oder selbst Familien; sie sind also nicht Indikatoren für eine Verwandtschaft dieser Formen. —

1. Es ist daher nicht verwunderlich, daß wir zur Zeit im Grunde genommen drei inkommensurable Diaptomidensysteme haben. Für die Diaptomiden der alten Welt hat KIEFER ein System entwickelt, in das fast alle hier bekannten Arten aufgenommen werden konnten. Dieses umfaßt Genera (nach KIEFERS Auffassung) oder Subgenera (nach Auffassung der englischen bzw. amerikanischen Autoren), die nicht nur morphologisch gut charakterisiert sind, sondern außerdem auch zoogeographisch einheitliche Komplexe darstellen, was dafür spricht, in Kiefers System ein natürliches System zu sehen[2].

2. Die Diaptomiden-Fauna Nordamerikas ermöglichte bereits MARSH die Aufstellung einiger „Gruppen", die später LIGHT seine vor allem auf Details des linken fünften Fußes des Männchens aufgebaute Aufstellung verschiedener Subgenera ermöglichte, die in der Folge von MILDRED WILSON erweitert wurde, so daß zu erwarten ist, daß die zur Zeit im Druck befindliche Gesamtdarstellung der Diaptomiden Nordamerikas von WILSON ein geschlossenes System dieser Arten bieten wird. Da für die meisten Diaptomiden der alten Welt bisher keine gleich eingehenden Untersuchungen des linken fünften Fußes des Männchens vorliegen, wird es vorläufig

[2] Daß es auch hier nicht an Ausnahmen fehlt, zeigt die aus dem Elbursgebirge beschriebene Varietät *hyrcanensis* des *Hemidiaptomus superbus*, die sich vom Typus dadurch unterscheidet, daß der Entopdit des 5. Fußes des Weibchens keine Terminalborsten trägt, also ein Merkmal entbehrt, das nicht nur zur Genusdiagnose des Hemidiaptomus gehört, sondern sogar im System KIEFERS zwei große Gruppen der altweltlichen Diaptomiden unterscheiden läßt. Vgl. BREHM, V.: Süßwasserorganismen aus dem Elbursgebirge (Zool. Anz. B 118, 1937, pag. 217ff.). Ein gleiches Verhalten ist übrigens auch bei der Gattung Tropodiaptomus beobachtet worden, worüber sich eine Mitteilung über Entomostraken aus dem westlichen Sudan in Druck befindet.

kaum möglich sein, die Beziehungen der altweltlichen zu den nordamerikanischen Diaptomiden sicherzustellen. Bisher gemachte Versuche, wie meine Deutung des *incrassatus* als zur „oregonensis"-Gruppe von MARSH gehörig, sind mehr als problematisch.

3. Für Südamerika hat KIEFER auch den Versuch gemacht, ein Diaptomidensystem zu entwickeln, das aber bisher ein Torso geblieben ist. — Einige markant gebaute Einzelgänger repräsentieren gute Gattungen, artenreiche Genera, wie *Argyrodiaptomus* und *Notodiaptomus*, sind in ihrer Umgrenzung verschwommen, da ein oder das andere in die Genusdiagnose einbezogene Merkmal auch bei Formen vorkommt, die man unmöglich zu einer dieser beiden Gattungen rechnen kann. Schließlich bleibt noch ein ansehnlicher Rest übrig, bezüglich deren KIEFER noch keine Entscheidung treffen konnte, und dieser Rest ist seit KIEFERS Publikationen durch Neuentdeckungen noch sehr vermehrt worden.

Trotz dieser fatalen Lage in der Systematik der südamerikanischen Diaptomiden ist hinsichtlich ihrer tiergeographischen Verhältnisse bereits einiges sicher. Die Beziehungen der Boeckelliden zur Fauna der Antarktika und der australischen Region sind gesichert[3]. Auch bezüglich einer zweiten Disjunktion, nämlich der amphiatlantischen, läßt sich bereits folgendes als gesichert annehmen. Legen wir der amphiatlantischen Disjunktion, wie es jetzt wohl allgemein üblich ist, die WEGENERsche Theorie zugrunde, so hat man zunächst den Eindruck, daß die Diaptomidenverbreitung zu beiden Seiten des Atlantik mit WEGENERS Auffassung gut im Einklang stünde. Denn wenn das Aufreißen der atlantischen Spalte im Mesozoikum im äußersten Süden begann und dann nordwärts fortschreitend erst in geologisch jüngster Zeit im hohen Norden endete, müssen im Süden die faunistischen Differenzen am größten sein, müßten geringer werden, wenn wir nordwärts gehen, da hier erst jeweils später eine Trennung der beiden Schollen erfolgte, und müßten im hohen Norden im Verschwinden begriffen sein. In der Tat stehen einander im äußersten Süden ganz verschiedene Familien der Calanoiden gegenüber: Boeckelliden und Diaptomiden; nordwärts wird der Gegensatz bereits durch verschiedene Gattungen

---

[3] Leider war es mir noch immer nicht möglich, Calanoiden-Material aus Neuguinea zu erhalten. Ein solches von Herrn Prof. Boschma mir zugedachtes fiel durch den Krieg Japanern in die Hände und ist wohl untergegangen. So ist es immer noch unbekannt, ob es dort Boeckelliden gibt. Da aus Nordaustralien nur Tropodiaptomus bekannt ist und nach WEGENER anzunehmen ist, daß Neuguinea ein aus dem Carpentariagolf herausgebrochenes Stück von Australien ist, liegt es nahe, anzunehmen, daß Neuguinea ganz der Diaptomiden-Region angehört.

derselben Familie gebildet — afrikanische und südamerikanische Diaptomiden —, und im äußersten Norden durchdringen sich bereits die beiden Gebiete; denn wir stoßen in Island auf den amerikanischen *Diaptomus minutus* und in Grönland auf den europäischen *castor*. — Aber bei schärferer Einstellung zeigen sich andere Züge. Während wir bei so vielen Organismengruppen auf oft überraschende Disjunktionsfälle zu beiden Seiten des Antlantik stoßen (*Cactaceen*, *Bromeliaceen*), gibt es bei den Calanoiden kein entsprechendes Gegenstück. Von den südafrikanischen Gattungen *Lovenula*, *Paradiaptomus*, *Metadiaptomus* ist keine Spezies im südlichen Südamerika vorhanden, von der äquatorialen afrikanischen Gattung *Tropodiaptomus* ist kein Vertreter im tropischen Südamerika gefunden worden, und von dem Genus *Hemidiaptomus*, das in der mediterranen Zone der alten Welt so stark vertreten ist, findet sich kein Vertreter in Amerika. Damit steht weiters im Einklang, daß auch die sogenannte Ravenala-Disjunktion durch keinen Kopepoden repräsentiert wird. Die in Madagaskar endemische Gattung *Anadiaptonus* fehlt nämlich in Amerika durchwegs. So steht der Anhänger der WEGENERschen Theorie den Tatsachen der geographischen Verbreitung der Diaptomiden schließlich doch ratlos gegenüber, da ja auch vice versa keine amerikanischen Typen östlich vom Atlantik anzutreffen sind, wie folgende Gegenüberstellung nach dem augenblicklichen Stand der Systematik der Diaptomiden zeigt:

Auf Amerika beschränkt sind folgende Gattungen:

Hesperodiaptomus *Pelorodiaptomus*
Aglaodiaptomus *Mastigodiaptomus*
Skistodiaptomus *Prionodiaptomus*
Onychodiaptomus *Notodiaptomus*
Leptodiaptomus *Argyrodiaptomus*
Eutrichodiaptomus

Von diesen sind *Argyrodiaptomus* und *Notodiaptomus* auch, und zwar hauptsächlich, in Südamerika vertreten, die übrigen auf Nordamerika beschränkt, wobei aber der Vorbehalt gemacht werden muß, daß eine Überprüfung nach den gleichen Gesichtspunkten erst noch erweisen muß, daß tatsächlich keine dieser amerikanischen Gattungen mit einer altweltlichen des KIEFERschen Systems zusammenfällt[4]. Ferner wurden einige wenige Sonderfälle bei dieser Liste übergangen, die erst erwähnt werden können, wenn wir die auf

---

[4] Vgl. die Bemerkung über *Psychrodiaptomus* Z. in der folgenden Liste.

die östliche Halbkugel beschränkten Diaptomidengattungen angeführt haben, nämlich:

Acanthodiaptomus	*Hemidiaptomus*
Tropodiaptomus	*Anadiaptomus*
Eudiaptomus	*Phyllodiaptomus*
Mixodiaptomus	*Psychrodiaptomus*, der aber
Eodiaptomus	nach M. WILSON mit dem
Neodiaptomus	amerikanischen *Leptodia-*
Thermodiaptomus	*ptomus* synonym sein soll.

Das als Baikalendemismus beschriebene Genus Kusnetzovia ist, wie mir Herr Prof. SHADIN mitteilte, durch ein teratologisches Diaptomus-Exemplar irrtümlich aufgestellt worden.

Es wurde bereits erwähnt, daß der eurasische *castor* noch auf Grönland vorkommt und der amerikanische *minutus* auf Island, eine Durchbrechung der sonst absoluten Trennung alt- und neuweltlicher Diaptomiden, die im Sinne der WEGENERschen Theorie gedeutet werden kann und zu der man noch das in Nordamerika und Sibirien vertretene Genus *Senecella* rechnen könnte, das aber als mariner Einwanderer unabhängig von WEGENERS Theorie die heute getrennten Wohnräume im Süßwasser erreicht haben dürfte.

Eine zweite Durchbrechung der sonst absoluten Trennung der westlichen und östlichen Faunen finden wir im weiteren Umkreis der Beringstraße, wo ja durch einen viel engeren und jüngeren Konnex der Landgebiete ein Übergreifen von der einen Seite auf die andere von vornherein zu erwarten war. Auffallend zeigt sich, wenn wir zunächst einmal auf andere calanoide Kopepoden sehen, dies darin, daß hier das altweltliche Genus *Heterocope* auf Amerika und das amerikanische Genus *Epischura* auf asiatischen Boden übergreift[5].

Auch unter den Diaptomiden stehen zwar nicht die gleichen, aber verwandte Arten einander, eine amphipazifische Disjunktion bildend, gegenüber. Dem *Arctodiaptomus acutilobatus* Asiens entspricht der *A. arapahoensis* Nordwestamerikas. In einem Falle — *Eudiaptomus gracilis* — liegt dieselbe Spezies zu beiden Seiten des Pazifik vor. Näheres hierüber siehe bei MILDRED WILSON, ,,A new subgenus of Diaptomidae including an Asiatic species and a new species from Alaska" (Journ. Washington Acad. Sc. Bd. 4, 1951, pag. 178).

[5] Vgl. BREHM, V.: Einige Bemerkungen zur Systematik und Tiergeographie der Diaptomiden Nordamerikas. Schweizer Zeitsch. Hydrolog., Bd. 11, 1949, pag. 418—419.

Versuch eines Schlüssels zur Bestimmung der Diaptomiden Südamerikas.

Da seit dem Erscheinen des von WRIGHT ausgearbeiteten Schlüssels zur Bestimmung südamerikanischer Diaptomiden sich die Zahl der von dort beschriebenen Arten nahezu verdreifacht hat und überdies mit der wachsenden Artenzahl die Unsicherheiten in der Systematik dieser Gruppe noch gewachsen sind, ist zwar das Bedürfnis nach einem neuen Schlüssel immer fühlbarer geworden, zugleich aber auch die Schwierigkeit, einen solchen herzustellen, nur noch gewachsen. Wohl hatte ich für meine Privatzwecke Bestimmungstabellen zusammengestellt, mich aber bei deren Benützung davon überzeugt, daß die Erlangung eines sicheren Resultats in sehr vielen Fällen nur möglich ist, wenn man nachträglich noch die Originalbeschreibungen zu Hilfe nimmt. Ich habe daher die mehrfach an mich ergangenen Aufforderungen, meine „zum Hausgebrauch" angefertigten Tabellen zu publizieren, unbeachtet gelassen. Wenn ich hier doch noch diesen Aufforderungen nachkomme, so geschieht es mit dem Vorbehalt, daß der Leser sich nicht mit der Bestimmung begnüge, sondern dann noch die Originalliteratur zu Rate ziehe. Zu diesem Zweck wurde dem Schlüssel noch ein Verzeichnis jener Arbeiten angeschlossen, die den Tabellen zugrunde lagen. Auf alle Fälle kann der hier gewagte Versuch nur als ein Provisorium gelten, das erst dann durch ein Definitivum ersetzt werden kann, wenn wir über viele unvollständig beschriebene Arten genauere Daten zur Verfügung haben und wenn wir über die Variabilität vieler Formenkreise besser unterrichtet sein werden.

Diesen Verhältnissen ist es auch zuzuschreiben, daß nur ein geringer Teil der in den Schlüssel aufgenommenen Arten mit einem definitiven Genusnamen bezeichnet werden konnte. Während es dank der von M. WILSON im Anschluß an LIGHT durchgeführten Arbeiten möglich ist, jede der nordamerikanischen Arten einem besonderen Genus bzw. Subgenus zuzuweisen, sind wir bei den Diaptomiden Südamerikas vorläufig darauf angewiesen, die von KIEFER für eine Reihe dieser Arten aufgestellten Gattungsnamen zu verwenden, während alle übrigen einfach ohne Genusbezeichnung in den Schlüssel aufgenommen wurden, also einfach der Gattung *Diaptomus s. lat.* zugewiesen wurden, wie es früher üblich war.

Um Raum zu sparen, werden im Schlüssel folgende Abkürzungen verwendet:

M. = Männchen   Th. = Thorax   Gen. = Genitalsegment
W. = Weibchen   Thf. = Thoraxflügel   P. = Fuß
a. = antennula   A. = Abdomen   r. = rechts

G. = Greifantenne F. = Furca l. = links
Ex. = Exopodit
En. = Entopodit

ARD = Außenranddorn des 5 M. P.
D. = Dornfortsatz der Greifantenne. Der beigesetzte Index gibt das Antennenglied an, dem der Dornfortsatz angehört.

Schlüssel:

1. ARD oberhalb des proximalen Drittels des Gliedes inseriert 2
   ARD unterhalb des proximalen Drittels des Gliedes inseriert 5
2. r. F. M. am Innenrand mit zahnartigen Protuberanzen, l. F. M. nur mit einem Zahn an der distalen Innenecke ..... *Odontodiaptomus Thomseni* Brehm

   F. weniger oder gar nicht bezahnt .. 3
3. F. r. mit einem einzigen Zahn, l. F. unbewehrt .... *Paulistanus* Wright
   F. ohne Protuberanzen .... *Michaelseni* Mraz
   synonym =
   mucronatus Brian.
4. Am zweiten Basale eines oder beider P. 5 M. befinden sich Spitzenfelder ... *Argyrodiaptomus* Brehm[6]
   Keine Spitzenfelder 13
6. ARD in der Mitte des Randes inseriert *A. granulosus* Brehm
   ARD distal von der Randmitte inseriert 7
7. Zweites Basale des r. P. M. an der proximalen Innenecke nach oben verlängert .... *A. denticulatus* Pesta
   Zweites Basale des r. P. M. an der proximalen Innenecke nicht verlängert 8
8. Spitzenfelder an den Innenrändern beider Füße .... *A. azevedoi* Wr.
   Spitzenfelder nur am linken Fuß vorhanden, am rechten höchstens angedeutet 9

[*] Leicht übersehbare Spitzenfelder auch bei *Notodiaptomus venezolanus* Kiefer vgl. Schlüsselnummer 43.

9. Fünftes Th.-Segment W. jederseits nur
   mit einem Flügel 10
   Fünftes Th.-Segment W. mit Doppel-
   flügel 11
   Man achte auch auf *Notodiaptomus venezolanus* Kiefer: Schlüsselnummer 43.
10. a. W. reicht nur ans Th.-Ende ...... *A. Bergi* Rich
    a. W. reicht bis zur Furca .... *A. argentinus* Wright[7]
11. Sinnesdorn am Basale des P. 5 W. gespalten .... *A. furcatus* Sars
    Sinnesdorn einfach 12
12. Fingerfortsatz des ersten Ex.gliedes
    des 5. P. M. kürzer als dieses Glied .. *A. aculeatus* van Douwe
    Fingerfortsatz des ersten Ex.gliedes
    des 5. P. M. so lang wie dieses Glied *A. neglectus* Wr.
13. Endklaue des r. 5. P. M. fast so breit
    wie das zweite Ex.glied dieses Fußes 14
    Endklaue viel schmäler 15
14. Endklaue des r. 5. P. M. gebogen .... *Rhacodiaptomus calamensis* Wr.
    Endklaue des r. 5. P. M. nicht gebogen *Rh. flexipes* Wr.
15. Ex.glied 2 des r. 5. P. M. nur wenig
    breiter als die Endklaue .... *Idiodiaptomus gracilipes* van Douwe
    Ex.glied 2 des r. 5. P. M. mindestens
    doppelt so breit 16
16. r. und l. P. 5 M. gleich lang .... *Dactylodiaptomus Pearsi* Wright
    r. P. wesentlich länger 17
17. ARD an der Konkavseite gezackt ... *Marshi* Juday
    synonym =
    Columbiensis Thieb.
    ARD an der Konkavseite nicht ausgezackt 18
18. ARD in der Mitte des Randes inseriert 19[8]
    ARD distal von der Mitte inseriert .. 25

[7] Der durch seine Kleinheit auffallende *argentinus* ist am raschesten durch die exzessive Ausbildung des Dornfortsatzes am 14. Glied der Greifantenne von den anderen *Argyro-diaptomus*-Arten zu unterscheiden.

[8] Zwischen 19 und 25 wären die Arten *Coderoi* und *Jatobensis* einzuschalten, welche WRIGHT 1936 in seinem „Preliminary report" aufgestellt hat, der leider keine Ergänzung erfuhr. Die provisorische Beschreibung macht leider eine Einfügung in den Bestimmungsschlüssel nicht möglich.

19. Nahe dem Innenrand des 2. Ex. r. P.
M. mit drei Chitinknöpfchen . . . . *inflexus* Brian.
Nahe dem Innenrand des 2. Ex. r. P.
M. ohne solche 20
20. Distale Ecke der rechten Seite der
2 ersten A.segmente in eine Verlänge-
rung ausgezogen . . . . *diabolicus* Brehm
Distale Ecke der rechten Seite der
2 ersten A.segmente nicht verlängert 21
21. Th. des W. trägt dorsal einen kleinen
von Stacheln umgebenen Auswuchs *echinatus* Lowndes
Th. des W. entweder ohne oder mit
einem Auswuchs der nicht von Stachelchen umgeben ist 22
22. Drittletztes Glied der G. mit Stab
oder Hakenfortsatz 23
Drittletztes Glied der G. ohne solche
Gebilde 24
23. ARD länger als das zweite Ex.glied. . . *carinifera* Lowndes
ARD kürzer als dieses . . . . *Calodiaptomus Merrillae* Wright
24. Erstes Ex.glied des r. 5. P. M. länger
als breit . . . . *Anisitsi* Daday
Erstes Ex.glied des r. 5. P. M. breiter
als lang . . . . *perelegans* Wright
25. Der Sinnesdorn des Gen. W. sitzt
auf einem vom Segment abgesetzten
Sockel[9] . . . . *inflatus* Kiefer
Der Sinnesdorn des Gen. W. sitzt
dem Segment direkt auf 26
26. Drittletztes Glied der G. mit Stab
oder Hakenfortsatz 27
Drittletztes Glied der G. höchstens mit
einer hyalinen Lamelle 32
27. ARD kurz und nach rückwärts ge-
bogen . . . . *insolitus* Wr.
ARD normal 28

[9] Ab 25 wären wiederum zwei Arten aus dem Preliminary report von WRIGHT einzuschalten, was aber auch hier — cf. Fußnote 7 — nicht möglich ist. *Notodiaptomus Isabelae* gehört zu den Diaptomiden mit dorsalem Thoraxauswuchs, die andere, nämlich *Dahli*, ist nach WRIGHTS Angaben mit der Art *Henseni* Dahl verwandt.

28. Zweites Ex.glied des r. 5. P. M. mit
großem Höcker nahe dem Innenrand *falcifer* Daday
Zweites Ex.glied des r. 5. P. M. ohne
solchen Auswuchs 29
29. W. mit Dorsalauswuchs auf dem
4. Th.segment .... *gibber* Poppe
W. ohne solchen Auswuchs 30
30. 4. Th.segment des W. mit kleinen
Spitzen bewehrt .... *spiniger* Brian[10]
4. Th.segment ohne diese Spitzen-
bewehrung 31
31. ARD länger als das 2. Ex.glied ..... *aculeatus* van Douwe
ARD nicht länger 32
32. Hintere Th.partie mit dorsalem Auswuchs 33
Hintere Th.partie ohne solchen 37
33. Hinterecke r. des Gen. W. mit zwei
Auswüchsen. Hinterrand der Thf. mit
kurzen Stacheln .... *meridionalis* Kiefer
Hinterrand der Thf. ohne solche Aus-
wüchse 34
34. En. 5. P. W. erreicht die halbe Länge
des 1. Ex.gliedes .... *conifer* Sars
En. 5. P. W. länger 35
35. D. 13 nicht bis zur Mitte des 14. Gliedes reichend .... *transitans* Kiefer
D. 13 viel länger 36
36. ARD etwas länger als die halbe Breite
des zweiten Ex.gliedes .... *lobifer* Pesta
ARD viel kürzer .... *coniferoides* Wright[11]
37. Im distalen Thoraxbereich Stachel-
kämme 38
Im distalen Thoraxbereich keine
Kämme 42

[10] *Spiniger* wird von manchen Autoren für ein Synonym der Art *Toldti* Pesta — cf. Nr. 41 der Tabelle — gehalten.
[11] Es ist bei der Variabilität der Länge des ARD sehr möglich, daß *coniferoides* und *lobipes* identisch sind. Vielleicht auch *Carteri*, von dem es in der Beschreibung von LOWNDES, pag. 98, heißt: „The penultimate thoracic segment bears a conspicuous pyramidal process like that of conifer Sars." Ich finde bei den von LOWNDES für *coniferoides* und *Carteri* mitgeteilten Figuren keine wesentlichen Unterschiede, obwohl LOWNDES sagt: „This seems to me a perfectly distinct species."

38. Die Stachelornamente stehen auf der Th.fläche zumeist an der Grenze des 4. und 5. Th.segmentes 39
Kurzer Stachelkamm am Rand der Thf. .... *maracaibensis* Kiefer
39. Gen. W. r. mit hornförmigem Auswuchs .... *Melini* Thomasson
Gen. W. r. ohne einen solchen 40
40. Letztes Th.segment des W. mit zugespitzen Flügeln, die $^2/_3$ der Länge des Gen. haben .... *coronatus*
Flügel schwach ausgebildet oder fehlend 41
41. En. 5. F. W. apikal nur mit Härchen besetzt .... *Toldti* Pesta
En. 5. F. W. apikal außerdem zwei lange Stacheln tragend .... *Iheringi* Wright[12]
42. En. des 5. P. W. mit 2 oder 3 Stacheln versehen 43
43. En. P. 5. W. hat $^2/_3$ der Länge des Ex. l. 44
En. 5. P. W. kürzer .... *venezolanus* Kiefer
44. W. 1500 µ lang. D. 13 viel länger als D. 11 .... *incompositus* Brian = *paranaensis* Pesta
W. 1200 µ lang. D. 13 ungefähr so lang wie D. 11 .... *pygmaeus* Brehm

Bei 43 wären noch einige Arten einzuschalten, was sich als unmöglich erweist, weil wegen vorgekommener Verwechslungen und unzureichenden Beschreibungen die nötigen Handhaben fehlen. Es wäre auf die Beschreibungen folgender Arten zu achten:

Notodiaptomus Henseni Dahl 1894. Abbildung von P. 5 M. bei KIEFER, Zool. Anz. Bd. 116, 1936, pag. 198.

Notodiaptomus nordestinus Wright und *Notodiaptomus amazonicus*. Abbildungen in den Originalabhandlungen von WRIGHT und bei KIEFER, Zool. Anz. Bd. 116, 1936, pag. 197—198.

Notodiaptomus Deitersi Poppe 1891.

Es handelt sich also durchwegs um Formen der sehr artenreichen Gattung *Notodiaptomus* innerhalb derer ebenso wie bei *Argyrodiaptomus* die in ihrer Reichweite noch schwer zu beurteilende Variabilität die Abgrenzung der Arten sehr erschwert.

[12] Mit *Iheringi* nächst verwandt ist nach WRIGHT *Notodiaptomus cearensis*, der aber keine Thoraxstachelkämme besitzt.

Literaturnachweis.

BREHM, V.: Entomostraken aus der Laguna de Junin. Medd. Göteborgs Mus. Zool. Avd. Bd. 34. 1924.
— Zoologische Ergebnisse der von Prof. Klute nach Nordpatagonien unternommenen Forschungsreise. Arch. f. Hydrobiol. Bd. 16. 1924.
— Über die tiergeographischen Verhältnisse der circumantarktischen Süßwasserfauna. Biol. Review. Cambridge, Vol. 11. 1936.
— Argyrodiaptomus granulosus, ein neuer Diaptomus aus Uruguay. Zool. Anz. Bd. 104. 1933.
— Diaptomus Thomseni, ein merkwürdiger Diaptomus aus Uruguay. Zool. Anz. Bd. 104. 1933.
— Mitteilungen von den Forschungsreisen Prof. Rahms. Zool. Anz. Bd. 104. 1933.
— Desgl. Entomostraken aus der Wüste Atakama. Bd. 111. 1935.
— Kopepoden aus Cajon de Ploms. Zool. Anz. Bd. 112. 1935.
— Über eine mit *Pseudoboeckella* Valentini verwandte *Pseudoboeckella*. Zool. Anz. Bd. 112. 1935. Zool. Anz. Bd. 114. 1936. Variabilität der *Pseudoboeckella*.
— Weitere Mitteilungen über die Süßwasserfauna von Uruguay. Zool. Anz. Bd. 120. 1937.
— Eine neue *Boeckella* aus Chile. Zool. Anz. Bd. 118. 1937.
— Zur Entomostrakenfauna der südlichen Halbkugel. Zool. Anz. Bd. 126. 1939.
— Sobre los Copepodos hallados por el Prof. Biraben en la Argentina. Neotropica. 1. Teil: Vol. 1. 1954.
— Über einige Entomostraken Südamerikas (*D. pygmaeus*). Sitzber. Acad. Wiss. Wien. Bd. 156. 1956.

BRIAN, A.: Aggiunte e note sui copepodi d'aqua dolce nell Argentina. Boll. Soc. Entom. Ital. Vol. 60. 1937.
— Di alcuni copepodi d'aqua dolce del Argentina. Mem. Soc. Entom. Ital. Vol. 4. 1925.

CHAPPUIS, P. A.: Zur Kenntnis der Copepodenfauna von Surinam. Zool. Anz. Bd. 49. 1917.

DADAY, E. VON: Mikroskopische Süßwassertiere aus Patagonien. Term. Füz. Vol. 25. 1902.
— Untersuchungen über die Süßwassermikrofauna Paraguays. Zoologica. H. 44. 1905.
— Mikroskopische Süßwassertiere aus Patagonien. Ges. von Dr. SILVESTRI. Term. Füz. Vol. 24. 1901.
— Beiträge zur Kenntnis der Süßwasser-Mikrofauna von Chile. Term. Füz. Vol. 25. 1902.

DAHL, F.: Die Copepodenfauna des unteren Amazonas. Ber. Naturf. Gesellsch. Freiburg i. B. 1894.
— *Weismannella* und *Schmackeria*. Zool. Anz. 1894.

DELACHAUX, TH.: Faune invertébrée d'eau douce des hauts plateaux de Pérou. Bull. Soc. Neuchatel. Sc. nat. Bd. 52. 1927.

Douwe, C. van: Süßwasserkopepoden von Brasilien. Arch. f. Hydrobiol. Bd. 7. 1912.
— Neue Süßwasserkopepoden aus Brasilien. Zool. Anz. Bd. 37. 1911.
Ekman, Sven: Cladoceren und Copepoden aus antarktischen Binnengewässern, Wissensch. Ergebn. Schwed. Südpolar Exp. Bd. 5. 1905.
— Zur Systematik und Synonymik der Copepodengattung *Boeckella*. Zool. Anz. Bd. 29. 1905.
Kiefer, F.: Beiträge zur Kopepodenkunde. VII. und X. Zool. Anz. Bd. 75 und 78. 1928.
— Beiträge zur Kopepodenkunde. VII. und X. Zool. Anz. Bd. 80. 1929.
— Süßwasserkopepoden aus Brasilien. Zool. Anz. Bd. 105. 1933.
— Süßwasserkopepoden aus Brasilien. Zool. Anz. Bd. 105. 1934.
— Über die Systematik der südamerikanischen Diaptomiden. Zool. Anz. Bd. 116. 1936.
— Brasilianische Ruderfußkrebse ges. von Dr. O. Schubart. Zool. Anz. Bd. 114 und 116. 1936.
— Freilebende Copepoda in Titschaks „Beiträge zur Fauna Perus". Bd. II. 1943.
— Freilebende Ruderfußkrebse. In Ergebn. der Deutschen limnolog. Venezuela-Expedition. Bd. I. Berlin 1956.
Lowndes, A.: Report of the expedition to Brazil and Paraguay. Journ. Linn. Soc. Zool. Vol. 39. 1934.
Lubbock, J.: On the Fresh-water-Entomostraka of South America. Trans. Ent. Soc. Bd. 3. 1855.
Marsh, Dw.: Copepodes in Neveu Lemaire „Les lacs des hauts plateaux de l'Amerique du Sud". Paris 1906.
— A synopsis of the species of *Boeckella* and *Pseudoboeckella* with a key to the genera of the Freshwater Centropagida. Proc. U.S.A. Mus. Nat. Vol. 64. 1925.
Mrazek, A.: Süßwasser-Kopepoden der Hamburger Magelhaen-Sammelreise. Hamburg 1905.
Pearse, A.: *Crustacea* collected by the Walker Exped. to Santa Marta. Proc. U.S.A. Mus. Nat. Vol. 49. 1915.
— *Crustacea* from lake Valencia — Venezuela. Proc. U.S.A. Mus. Nat. Vol. 59. 1921.
Pesta, O.: Ein Beitrag zur Kenntnis der Copepodenfauna von Argentinien. Zool. Anz. Vol. 73. 1927.
Poppe, S.: Ein neuer Diaptomus Brasiliens. Zool. Anz. 1891.
— und Mrazek, A.: Entomostraken des Nat. Mus. Hamburg. Jahrb. Hamburger Wissensch. Anstalten, Jg. 12. 1894.
Richard, J.: Sur quelques Entomostraces d'eau douce des environs de Buenos Aires, Ann. Mus. Nac. Buenos Aires. Vol. 5. 1897.
— Entomostraces de l'Amerique du Sud. Mem. Soc. Zool. France. Vol. 10. 1897.
Sars, G. O.: Contribution to the knowledge of the Freshwater Entomostraca of South America. Arch. for Math. og Nat. Bd. 24. 1901.
Scott, Th.: Remarks on some Copepoda from the Falkland Isl. Ann. Mag. Nat. Hist. 1914.

SPANDL, H.: Das Zooplankton des Paranaguasees. Denkschr. Akad. Wiss. Wien. Bd. 76. 1924.
THIEBAUD, A.: Copepodes de Colombie. Mem. Soc. Neuchatel. Sc. Nat. Vol. 5. 1914.
THOMASSON: Studien über das südamerikanische Süßwasserplankton. Ark. f. Zool. Vol. 6. 1953.
TOLLINGER, A.: Die geographische Verbreitung der Diaptomiden. Zool. Jahrb. Abt. Syst. Vol. 30. 1911.
WRIGHT, ST.: A revision of the South American species of Diaptomus. Trans. Americ. Microsc. Soc. 46. 1927.
— A contribution to the knowledge of the genus *Pseudodiaptomus*. Transact. Wisconsin Acad. Bd. 23. 1928.
— Three new species of *Diaptomus* from N. E. Brazil. Acad. Bras. Sc. Vol. 7. 1935.
— Preliminary report on six new species of *Diaptomus* from Brazil. Ann. Acad. Braz. Vol. 8. 1936.
— A review of some species of *Diaptomus* from Sao Paulo. Ann. Acad. Brasil. Sc. Vol. 9. 1937.
— A review of the *Diaptomus* Bergi-group. Transact. Americ. Micr. Soc. Bd. 57. 1938.
— Distribuicao geographica des especies de *Diaptomus* na America do Sul. Livro Jubilar Travassos. Rio de Janeiro 1938.

Nachtrag.

Erst nach Fertigstellung dieses Berichtes bemerkte ich, daß Harding in seiner Titicaca-Arbeit — pag. 222 — eine Boeckella camjatae beschrieben hat, die vermutlich mit bilobata identisch ist. Zwar zeigen sich besonders beim Weibchen Unterschiede: So ist das Genitalsegment bei bilobata viel länger als breit, bei camjatae isodiametrisch; ferner ist bei bilobata am 5. Fuß die Seitenklaue des zweiten Exopoditgliedes viel kürzer als bei camjatae und desgleichen sind auch die Endborsten des letzten Gliedes bei bilobata viel kürzer. Doch bleibt die Frage offen, ob wir camjatae und bilobata als Synonyma betrachten müssen, wobei camjatae die Priorität zukäme. Da gracilis aus Argentinien, Schwabei aus Chile, bilobata und camjatae aus Peru beschrieben wurden, könnten diese Namen auch für Lokalrassen Geltung haben. Ebensogut wäre es möglich, daß alle vier Namen sich auf gracilis beziehen, falls deren vorläufig festgehaltene Unterschiede sich als innerhalb des Artrahmens von gracilis gelegen erweisen sollten. —

Die in den Sitzungsberichten Abtlg. I und Abtlg. IIa der math.-nat. Klasse der Österr. Ak. d. Wiss. erscheinenden Abhandlungen werden auch einzeln abgegeben. Sie können durch jede Buchhandlung oder direkt durch die Auslieferungsstelle der Österreichischen Akademie der Wissenschaften (Wien I, Singerstraße 12) bezogen werden.

Nachfolgende Abhandlungen aus dem Fache **Botanik** (Biologie) sind erschienen:

1953 (S I Bd. 162):

Cholnoky B. J. v.: Beobachtungen über die Plasmolyse II. Zur Protoplasmatik der Staubblatthaarzellen von Tradescantia (mit 31 Textabbildungen). S 11.40
Cholnoky B. J. v., und Schindler H.: Die Diatomeengesellschaften der Ramsauer Torfmoore (mit 41 Textabbildungen). S 15.60
Hirn Ilse: Vitalfärbung von Diatomeen mit basischen Farbstoffen (mit 8 Textabbildungen). S 16.20
Huber Elfriede: Beitrag zur anatomischen Untersuchung der Antheren von Saintpaulia (mit 6 Textabbildungen). S 4.90
Lenk Ingeborg: Über die Plasmapermeabilität einer Spirogyra in verschiedenen Entwicklungsstadien und zu verschiedener Jahreszeit (mit 1 Textabbildung und 1 Tafel). S 20.—
Loub W.: Zur Algenflora der Lungauer Moore (mit 3 Textabbildungen). S 22.90
Wimmer Ch., und Höfler K.: Über die Eigenfluoreszenz lebender, absterbender und toter Florideenzellen (mit 3 Textabbildungen). S 9.60
Diskus A.: Vom Osmoseverhalten halophiler Euglenen vom Neusiedler See (mit 3 Tafeln). S 8.50

1954 (S I Bd. 163):

Kiermayer O.: Die Vakuolen der Desmidiaceen, ihr Verhalten bei Vitalfärbe- und Zentrifugierungsversuchen (mit 23 Textabbildungen), 48 Seiten. S 32.30
Loub W., Url W., Kiermayer O., Diskus A., und Hilmbauer K.: Die Algenzonierung in Mooren des österreichischen Alpengebietes (mit 1 Textabbildung und 3 Tafeln), 48 Seiten. S 26.70
Luhan Maria: Zur Wurzelanatomie unserer Alpenpflanzen III. Gentianaceae (mit 4 Textabbildungen und 1 Tafel), 19 Seiten. S 14.90
Poelt J.: Moosgesellschaften im Alpenvorland I (mit 3 Textabbildungen), 34 Seiten. S 15.10
Poelt J.: Moosgesellschaften im Alpenvorland II (mit 1 Textabbildung), 45 Seiten. S 26.50
Scheidl W.: Auslösung von Vakuolenkontraktion durch undissoziierte Basen (mit 12 Textabbildungen und 5 Diagrammen), 44 Seiten. S 28.—
Schiller J.: Über Cyanophyceen aus kleinen künstlichen Wasserbecken und aus dem Ruster Kanal des Neusiedler Sees (mit 17 Textabbildungen [49 Einzelbilder]), 31 Seiten. S 23.40

1955 (S I Bd. 164):

Hölzl J.: Über Streuung der Transpirationswerte bei verschiedenen Blättern einer Pflanze und bei artgleichen Pflanzen eines Bestandes (mit 8 Textabbildungen). S 40.—
Huber Elfriede: Vitalfärbungsversuche an Hochmooralgen mit leeren und vollen Zellsäften (mit 13 Abbildungen auf 3 Tafeln). S 36.40
Kiermayer O.: Über die Reduktion basischer Vitalfarbstoffe in pflanzlichen Vakuolen (mit 4 Tafeln und 1 Farbtafel). S 25.20
Loub W.: Algenbiozönosen des Neusiedler Sees (mit 9 Textabbildungen). S 22.—
Url W.: Resistenz von Desmidiaceen gegen Schwermetallsalze (mit 8 Abbildungen auf 2 Tafeln). S 23.—
Ziegler Annemarie: Die blau fluoreszierenden Idioblasten der Scrophulariaceen: Morphologie, Mikrochemie und Vitalfärbbarkeit (mit 19 Abbildungen im Text und auf 3 Tafeln). S 46.90

1956 (S I Bd. 165):

Abel W. O.: Die Austrocknungsresistenz der Laubmoose (mit 14 Abbildungen im Text und auf 5 Tafeln). S 73.30
Fetzmann Elsa Leonore: Beitrag zur Algensoziologie (mit 3 Textabbildungen, 4 Tafeln und 1 Beilage). S 73.60
Lenk Ingeborg: Vergleichende Permeabilitätsstudien an Süßwasseralgen (Zygnemataceen und einige Chlorophyceen) (mit 7 Textabbildungen). S 83.60
Sperlich A.: Die Fortpflanzungstüchtigkeit (Phyletische Potenz) des Fremdbefruchters. Nach Versuchen mit drei Formen des Alectorolohus hirsutus (Lam.) Alb. S 58.90

1957 (S I Bd. 166):

Politis J.: Über die „Tanninoplasten" oder Gerbstoffbildner der Crassulaceae (mit 2 Textabbildungen und 1 Tafel). S 6.—
Politis J.: Über einen neuen Pflanzenfarbstoff in den Blüten einiger Verbascum-Arten (mit 2 Tafeln). S 5.20
Übeleis Ilse: Osmotischer Wert, Zucker- und Harnstoffpermeabilität einiger Diatomeen (mit 1 Textabbildung).

MIX
Papier aus verantwortungsvollen Quellen
Paper from responsible sources
FSC® C105338

If you have any concerns about our products,
you can contact us on
ProductSafety@springernature.com

In case Publisher is established outside the EU,
the EU authorized representative is:
**Springer Nature Customer Service Center GmbH
Europaplatz 3, 69115 Heidelberg, Germany**

Printed by Libri Plureos GmbH
in Hamburg, Germany